“十四五”时期国家重点出版物出版专项规划项目

大规模清洁能源高效消纳关键技术丛书

清洁能源配套高海拔输电线路外绝缘技术

康　钧　王生富　包正红 等　编著

· 北京 ·

内 容 提 要

本书是《大规模清洁能源高效消纳关键技术丛书》之一，全面、系统地阐述了我国清洁能源配套高海拔输电线路的外绝缘技术，包括高海拔空气间隙外绝缘、海拔修正方法、高海拔污秽外绝缘、高海拔交直流绝缘配置、防雷技术应用以及绝缘子防污闪涂料等内容。

本书通俗简练，系统翔实，图文并茂，可供从事清洁能源发电及电力系统设计、调度、生产、运行等工作的工程技术人员作为培训教材和参考资料，也可供相关专业的师生参阅。

图书在版编目（CIP）数据

清洁能源配套高海拔输电线路外绝缘技术 / 康钧等编著. -- 北京 : 中国水利水电出版社, 2023.11
（大规模清洁能源高效消纳关键技术丛书）
ISBN 978-7-5226-1263-8

Ⅰ. ①清… Ⅱ. ①康… Ⅲ. ①高原－无污染能源－输电线路－外绝缘－研究 Ⅳ. ①TM726

中国国家版本馆CIP数据核字(2023)第248795号

书　　名	大规模清洁能源高效消纳关键技术丛书 **清洁能源配套高海拔输电线路外绝缘技术** QINGJIE NENGYUAN PEITAO GAOHAIBA SHUDIAN XIANLU WAI JUEYUAN JISHU
作　　者	康　钧　王生富　包正红　等 编著
出版发行	中国水利水电出版社 （北京市海淀区玉渊潭南路1号D座　100038） 网址：www. waterpub. com. cn E-mail：sales@mwr. gov. cn 电话：（010）68545888（营销中心）
经　　售	北京科水图书销售有限公司 电话：（010）68545874、63202643 全国各地新华书店和相关出版物销售网点
排　　版	中国水利水电出版社微机排版中心
印　　刷	天津嘉恒印务有限公司
规　　格	184mm×260mm　16开本　8.75印张　192千字
版　　次	2023年11月第1版　2023年11月第1次印刷
印　　数	0001—3000册
定　　价	**68.00**元

《大规模清洁能源高效消纳关键技术丛书》
编　委　会

《清洁能源配套高海拔输电线路外绝缘技术》
编　委　会

主　　编　康　钧　王生富　包正红

副 主 编　杨小库　谢彭盛　李春来　蒋　玲

参　　编　马旭东　杨立滨　丁玉剑　李正曦　刘庭响　张成磊
耿江海　姚修远　黄瑞平　文习山　刘国勇　王晓峰
张永胜　于鑫龙　王生杰　曲全磊　周万鹏　安　娜
李秋阳　朱广秀源　董生成　马志青　李占林　杨洪易
王理丽　刘高飞　杨韬辉　张毅涛　王　恺　马俊雄
高　金

参编单位　国网青海省电力公司
国网青海省电力公司电力科学研究院
国网青海省电力公司清洁能源发展研究院
中国电力科学研究院有限公司
华北电力大学
武汉大学

Preface

序

世界能源低碳化步伐进一步加快，清洁能源将成为人类利用能源的主力。党的十九大报告指出：要推进绿色发展和生态文明建设，壮大清洁能源产业，构建清洁低碳、安全高效的能源体系。清洁能源的开发利用有利于促进生态平衡，发展绿色产业链，实现产业结构优化，促进经济可持续性发展。这既是对中华民族伟大先哲们提出的“天人合一”思想的继承和发展，也是党中央、习近平主席提出的“构建人类命运共同体”中“命运”质量提升的重要环节。截至2019年年底，我国清洁能源发电装机容量9.3亿kW，清洁能源发电装机容量约占全部电力装机容量的46.4%；其发电量2.6万亿kW·h，占全部发电量的35.8%。由此可见，以清洁能源替代化石能源是完全可行的。

现今我国风电、太阳能等可再生能源装机容量稳居世界之首；在政策制定、项目建设、装备制造、多技术集成等方面亦具有丰富的经验。然而，在取得如此优势的条件下，也存在着消纳利用不充分、区域发展不均衡等问题。目前清洁能源消纳主要面临以下困难：一是资源和需求呈逆向分布，导致跨省区输电压力较大；二是风电、光伏发电的出力受自然条件影响，使之在并网运行后给电力系统的调度运行带来了较大挑战；三是弃风弃光弃小水电现象严重。因此，亟须提高科学技术水平，更加有效促进清洁能源消纳的质和量，形成全社会促进清洁能源消纳的合力，建立清洁能源消纳的长效机制，促进清洁能源高质量发展，为我国能源结构调整建言献策，有利于解决清洁能源产业面临的各种技术难题。

“十年磨一剑。”本丛书作者为实现绿色能源高效利用，提高光、风、水、热等多种能源综合利用效率，不懈努力编写了《大规模清洁能源高效消纳关键技术丛书》。本丛书从基础研究、成果转化、工程示范、标准引领和推广应用五个环节着手介绍了能源网协调规划、多能互补电站建模、测试以及快速调节技术、多能协同发电运行控制技术、储能运行控制技术和全国集散式绿色能源库规模化建设等方面内容。展现了大规模清洁能源高效消纳领域的前沿技术，代表了我国清洁能源技术领域的世界领先水平，亦填补了上述科技工程领域的出版空白，望为响应党中央的能源转型战略号召起一名“排头兵”的作用。

这套丛书内容全面、知识新颖、语言精练、使用方便、适用性广，除介绍基本理论外，还特别通过实测建模、运行控制、测试评估等原创性科技内容对清洁能源上述关键问题的解决进行了详细论述。这里，我怀着愉悦的心情向读者推荐这套丛书，并相信该丛书可为从事清洁能源消纳工程技术研发、调度、生产、运行以及教学人员提供有价值的参考和有益的帮助。

中国科学院院士 卢强

2019 年 12 月

Foreword
前言

在全球气候变化与能源短缺的背景下，世界范围内的能源转型正进入历史上的高潮。面对诸多问题，促进能源结构升级，提高能效是能源系统转型最重要的推动力。作为绿色低碳能源，清洁能源对改善能源结构、保护生态环境、实现经济社会可持续发展和实现碳达峰碳中和具有重要意义。近年来，我国清洁低碳化进程不断加快，清洁能源配套高海拔输电线路外绝缘技术更是当下电力发展中的关键性技术研究，全面提高电力行业专业技术人员的清洁能源配套高海拔输电线路外绝缘技术日渐重要。

随着海拔升高，输变电设备运行环境逐渐变得恶劣，间隙和沿面放电电压降低，外绝缘配合将更加复杂，直接影响工程造价和运行可靠性。目前我国高海拔地区外绝缘可靠性面临以下的突出技术难题：海拔高，空气稀薄，大气绝缘强度低，而现有外绝缘海拔校正方法大都仅适用于海拔 2000m 及以下，更高海拔无经验；超高海拔地区绝缘子积污与污闪特性尚未完全掌握，重污秽等特殊环境尚无修正方法；超高海拔覆冰特性规律不明，配置方法缺乏；在盐湖、沙漠等特殊环境下，复合材料老化特性有待研究。

综上所述，我国亟须加快高海拔环境下清洁能源配套输电线路外绝缘技术的研究与应用工作，以支撑未来清洁能源的大规模、远距离、高效率输送，实现全国范围内的能源优化配置。新能源配套输变电技术对于推进我国电网的技术升级，带动国内相关科研、设计、制造、建设等方面的技术创新，提高电网及相关行业的整体技术水平和综合竞争实力，都具有重要意义。

本书是作者及其课题组经多年调查研究，组织电力及相关领域专家结合电力行业实际，经过反复论证后编写而成。全书共分 7 章，第 1 章概述，介绍了我国清洁能源格局、外送通道情况以及高海拔对电网外绝缘的影响；第 2 章高海拔空气间隙外绝缘，介绍了高海拔间隙外绝缘放电特性、影响因素等；第 3 章海拔校正方法，介绍了目前国内外常用的 5 种校正方法，以及不同校正方法下的工频放电电压、操作冲击放电电压、雷电冲击放电电压的校正系数比较；第 4 章高海拔污秽外绝缘，介绍了高海拔污秽积污特性、污秽外绝缘影响因素，高海拔污闪特性及污闪电压校正系数；第5章高海拔交直流绝缘配置，介绍了高海拔交直流绝缘配置原则、配置水平；第6章防雷技术应用，介绍了雷击放电的原理和分类，通过分析电气几何法和先导发展法分析防雷技术并进行实例分析，介绍了防雷装置的应用情况；第7章绝缘子防污闪涂料，介绍了现场防污闪涂层性能分析，RTV防污闪涂料加速老化试验，以及防污闪涂料寿命评估系统。

本书在编制过程中，得到了国网青海省电力公司、青海省能源局、中国电力科学院有限公司、南瑞集团有限公司及有关高校等单位的大力支持。清洁能源是一个发展中的领域，还有许多问题有待进一步研究。本书是一个初步研究，有待继续深入，诚望各界专家和广大读者提出各种意见和建议。

同时，限于作者水平，本书难免有疏漏或错误之处，敬请读者批评指正。

作者

2023年3月

Contents 目录

第1章

概　述

气候变化是全人类共同面临的挑战，为了应对气候变化，世界各国正在全球范围内开展广泛的国际合作。考虑到我国对于全球气候变化的影响，2020年9月22日，习近平总书记在第七十五届联合国大会上提出我国的“双碳”目标，即我国将在2030年前实现“碳达峰”，碳排放量达到峰值后不再增长；2060年前实现“碳中和”，“排放的碳”与“吸收的碳”相等。“双碳”目标下，清洁能源的发展尤为重要，大力发展清洁能源，提高清洁能源的占比，是早日实现“双碳”目标的根本途径。同时从社会角度考虑，发展清洁能源不仅是关乎能源转型问题，还涉及我国经济社会的高质量发展。因此，在实现“双碳”目标的道路上，需要着重研究清洁能源的技术以及内涵。

1.1　清洁能源格局

为了应对全球气候变化与能源短缺问题，能源系统转型在世界范围内进入了历史上的高潮。能源系统转型的目标取向是脱碳减排以及高效、低成本和可持续利用，基本路径可归结为能源结构调整和用能技术进步两个方面。技术进步和市场发展带来的能源效率的提高以及新能源技术的发展为能源系统转型提供了物质基础。与此同时，能源系统转型涉及多方面的问题，需要进行大量的基础理论研究——如其在宏观社会环境背景下与社会、环境系统的耦合关系，影响转型的因素的动态发展，政策制度如何保障转型的推进等。此外，转型策略与路径的选择也是目前的研究热点。

面对诸多环境、经济和社会问题，依靠技术进步对能源系统进行“开源节流”，开发利用清洁能源，促进能源结构升级，提高能效是能源系统转型最重要的推动力。开源即将更多形式品类的能源纳入能源系统中以保持能源的可持续供应。为了促进能源系统的转型，许多国家将可再生能源的开发和清洁用能技术作为优先领域，加大研发和投资，集中进行电力系统的改造，利用水能、核能、生物质能、地热、海洋能、风能及太阳能等低碳和无碳排放的发电资源，减少由电力部分产生的碳排放已成为能源系统转型的重要途径。特别是用风能和太阳能发电取代传统的火力发电，近年来已具备了一定的规模。过去5年风电、光伏发电成本显著降低，能源转换效率逐步改进，直接降低了发电的总成本，风电和光伏发电已初步具备了与化石燃料竞争的成本基础。从全球可再生能源市场情况看，目前行业发展的重心已从低价竞争逐渐转移至新能源的规模开发利用，企业正在努力形成包括运输、产业化、加热和制冷等在内的完整产业链并满足终端用户的需要，可再生能源行业已经成功渡过临界点。

1.1.1 化石能源分布

1. 煤炭格局

我国煤炭资源量分布呈现西多东少、北多南少的整体分布趋势，沿着大兴安岭—太行山—雪峰山这一线将我国的煤炭资源天然地分成了东西两个部分，这一线以西的4个省份的煤炭资源量高达4.5万亿t，占全国总煤炭资源量的89%，而相对的，这一线以东的20个省则只有0.56万亿t的煤炭资源量，占全国总量的11%。同样，分布于昆仑山—秦岭—大别山一线以北的地区煤炭资源量达到4.74万亿t，占全国总煤炭资源量的93.6%，而这一线以南则仅有0.32万亿t的煤炭资源量。

我国整体上的煤炭资源分布格局，决定了北煤东运、西煤东调的煤炭发展态势。由于我国煤炭供需区域不平衡，且产煤地区的交通相对落后，运输条件有限，从而形成了我国煤炭资源运力低、距离长的总体消费格局。基于国家的低碳发展策略，近年来煤炭行业整体处于去产能状态。相关研究指出，2020年、2030年、2050年我国煤炭产量约为39亿t、40亿t、42亿t，与消费需求量能保持供需平衡状态。

2. 石油格局

我国油气资源存在着和煤炭资源类似的情况，资源分布不均，大部分大型油气田都分布在我国的长江以北地区，华北地区、西北地区和东北地区的油气产量占到了全国总产量的90%以上；而在整个北方地区，油气的分布也存在区域差异，东部地区石油多天然气少，中部地区则与之相反，西北地区相对油气资源量较均衡。从现阶段的勘探结果和分布来看，我国的石油资源主要分布在东部、西部和海域，这三个区域分别拥有的石油资源量为363.4亿t、247.89亿t和246.75亿t，合计占全国总石油资源量的92.3%，而中部地区石油资源量较小。最近十年，我国的石油生产格局也有所变化，新疆、陕西和青海的产量逐渐提高，西部地区的油田开发规模有所加大，这说明我国的石油开发重心正在向西移动。

1.1.2 清洁能源分布

清洁能源主要包括生物质能、风能、太阳能、水能等。生物质能就是太阳能以化学能形式储存在生物质中的能量形式，即以生物质为载体的能量。它直接或间接地来源于绿色植物的光合作用，可转化为常规的固态、液态和气态燃料，取之不尽、用之不竭，是一种可再生能源，同时也是唯一一种可再生的碳源。现阶段适合利用开发的生物质能一般可分为五类，分别是林业资源、农业资源、畜禽粪便、生活污水和工业有机废水、城市固体废物。生物质能是一种清洁能源，生物质能的广泛应用可以减少温室气体、氮氧化物和硫氧化物的排放，同时也可以减少环境公害，资源化地利用废弃物，是一种可持续的能源消费方式。

我国的生物质能理论蕴藏量与地理环境、气象条件都有一定的相关规律，主要分布于年均气温在5～10℃和15～20℃的区域；年均降水量在0～1500mm的地区生物质能分布较广，尤其集中在降水量500～1000mm的地区；按照日照的时间来看的话，我国的生物质能多分布于日照时间2000～2500h的地区。我国的生物质能资源主要以作物秸秆、畜禽粪便和林木薪柴为主。2010年生物质能总蕴藏量为40.07亿tce，可获取量为28.62亿tce，可利用量达到5.34亿tce。随着造林面积的扩大和经济社会的发展，我国生物质资源转换为能源的潜力可达到10亿t标煤，占能源消耗总量的28%。

从地理区域分布上来看，由于气候原因和畜牧业产业的发展，我国西南地区和东北地区，以及内蒙古、河南、山东是我国生物质能的主要分布区。特别是西南地区的四川、云南和西藏三个省（自治区），生物质能合计占到全国生物质能总量的25%以上；紧随其后的是东北地区的黑龙江省、华北地区的内蒙古自治区、中部地区的河南省，以及山东、吉林、广东、广西地区。而生物质能可利用量的地理分布状况和理论蕴藏量分布类似，排名靠前的省份分别是四川、西藏、云南、内蒙古、黑龙江等，西南地区的四川、云南和西藏三个地区的可利用量约为全国的25%。

风能资源主要包括陆地风能资源和海洋风能资源两大类，我国现阶段开发利用主要还集中在陆地风能这一块。风能资源有着蕴藏量丰富、地理分布广、清洁无污染等优势，但同时也具有密度分布不均，开发利用低效等劣势。根据我国《全国风能资源评估成果（2014）》数据显示，全国陆地70m高度处的风能资源，功率密度达到150W/m^2以上的可开发量为72亿kW，功率密度达到200W/m^2以上的可开发量则为50亿kW；陆地80m高度处的风能资源，功率密度150W/m^2以上的资源可开发量为102亿kW，功率密度为200W/m^2以上的资源可开发量则是75亿kW。

从整体分布上来看，我国的风能资源比较丰富的地区是西北、华北、东北、华东这四个地区，属于风能丰富带，这几个地区也成为我国风能资源优先开发的重点地区。而其他地区都存在这样那样的问题，比如西南地区风能资源的理论蕴藏量丰富，但由于地理条件复杂的原因，不具备开发的技术水平和条件，华中和华南地区则是理论蕴藏量就不足。西北地区是我国风能资源理论蕴藏总量最大的地区，理论蕴藏量达到14.87亿kW，占到我国总风能资源理论储量的34.4%；紧随其后的华北地区和西南地区也有超过10亿kW的理论蕴藏量，分别占全国总储量的23.8%和23.5%。从技术可开发量上来看，华北地区的可开发量最大，为1.6亿kW，占到全国总技术可开发量的53.5%；紧随其后的是西北地区，可开发量达到1.24亿kW，占全国的41.6%，这两个地区就占了全国总开发量的90%以上。在潜在技术开发量方面，西南地区的潜在技术开发量最大，为0.31亿kW；其次是西北地区和华北地区，潜在技术开发量分别为0.28亿kW和0.17亿kW，这三个地区合计占到了全国总的潜在技术开发量的96.3%。我国各个省市的风能资源分布也存在很大的区域差异性，内蒙古的理论蕴藏量和技术可开发量都是全国第一，理论蕴藏量为8.98亿kW占全国总量的20.65%，技术可开发量1.5亿kW占全国总量的50.47%。排在第二位的则是新疆，理论蕴藏量和技术可开发量分别为8.86亿kW和1.2亿kW，分别占全国的20.37%和40.39%。

我国太阳能资源分布同样具有很大的区域差异性，全国各个地区的分布也很不均匀。太阳能资源的储量主要和太阳辐射有关，我国的太阳辐射高峰度主要集中于西藏地区和西北地区，其中西藏地区、新疆西南部、青海西部和甘肃省北部地区的年辐射均值超过了7000MJ/m^2，最高值位于西藏的中部；其次则是西北及华北的北部地区，年均辐射值在6000MJ/m^2左右，包括内蒙古自治区西部地区、宁夏北部、甘肃中西部、青海东部和新疆的东北部地区，以及西南的四川省西部、云南省西北部地区；而我国的东南沿海和中部的大部分地区的太阳年均辐射值在5000～5600MJ/m^2之间；我国的太阳辐射值最低的地区处于四川盆地及贵州和重庆的部分地区，常年的辐射值在3500MJ/m^2以下。太阳能资源和年日照时数也有很密切的关系，我国的年日照时数和辐射量有着类似的区域分布差异性，西北地区、西藏地区和内蒙古的部分地区是我国年日照时数较长的地区。我国内蒙古西部、甘肃省西北部、新疆东部和西藏西部地区的日照时数为全国之最，普遍高于3200h/a。内蒙古的东北部、黑龙江的大部分地区和西北的其他地区的日照时数也超过3000h/a。而日照时数最少的地区依旧是四川盆地和贵州、重庆的部分地区，年日照时数低于1500h。因此，从太阳能资源的分布状况来看，西北地区是我国发展太阳能资源的最佳地区。

目前，我国太阳能产业规模已位居世界第一，是全球生产和使用太阳能热水器最多的国家，也是太阳能光伏电池的重要生产国。从产业投资的比重上来看，我国2009年太阳能投资比重占所有新能源投资的21%，而到2015这一数值增长到30%以上。太阳能光伏发电系统和太阳能热水系统是现阶段最为成熟的太阳能产品。2008年以前我国的光伏装机容量不足100MW，光伏发电装机容量增长迅速，2010年末我国光伏年装机容量为893MW，到2015年我国光伏年装机容量提高到43000MW。光伏装机容量实现了飞跃式的增长。在实际发电方面，2010年我国光伏发电量为26万kW，2015年这一数据增长到4318万kW，年均增长量高达177%。

从装机分布状况来看，光伏发电呈现东中西部共同发展的格局。我国光伏利用产业化水平较高的地区集中在中东部的发达地区，尤其是分布式光伏发电。中东部地区的江苏、河北、浙江、山东、安徽和山西6个省的累计装机容量超过了100万kW，其中浙江、江苏和山东三个省的分布式光伏发电装机容量较大。但从总体来看我国太阳能资源以西部地区为主，总累计光伏装机容量依然主要集中在西北地区，特别是青海、甘肃和宁夏这三个省（自治区），合计光伏装机容量占全国总量的46%；紧随其后的新疆、江苏、内蒙古三个省（自治区），合计装机容量占全国的19.6%。而在太阳能热水系统方面，我国太阳能热水系统一直保持着世界生产量和保有量的高水平。进入21世纪以来，我国的热水器产量和保有量都一直保持着20%的占比。

1.2 清洁能源外送通道

1.2.1 途经高海拔地区的必然性

由于清洁能源分布存在地区差异，清洁能源的送端主要集中在西部地区，而受端主要是在中东部发达地区，因此导致清洁能源外送通道必须途经青海、新疆等高海拔地区，电力设备和输电线路需要经受高海拔地区盐湖、沙尘、昼夜温差大等恶劣环境的考验。

1.2.2 外送通道环境

以青海省为例，青海省主要由河谷、高原、湖泊、山地、荒漠、戈壁等地形组成，以日月山为界，东南部黄河、湟水谷地是农业区，也是工业集中地区，西北部为广大牧区，地表水年径流量为631.4亿m^3。

青海省属于典型的高原大陆性气候，年平均气温在$-5.6\sim8.7$℃之间，日照时间长，太阳辐射强，全年日照时数在2300～3600h之间。年均降水量在17.6～764.4mm，年大气绝对湿度在0.2～20hPa之间，属于高寒、荒漠、干旱地区，这就构成了青海省干旱、少雨、多大风、缺氧、日温差大、冬长夏短，四季不分明，气温区分布差异大，垂直变化明显等特征。加之地面植被稀少，致使自然降尘量超过国家环保标准，特别是冬季尤为严重。

青海省雨季为3—11月，5—9月是年平均降水量最高段，1月、2月、12月降水日数极少，大部分地区年平均相对湿度为60%左右，6—10月湿度较高，冬季平均湿度较低比较干燥，容易积污，由于逆温状况的变化，冬季逆温与夏季逆温相比具有持续时间长、厚度大、频率高和强度大的特点，使得冬季大气中的污染物不易扩散，加快了冬季输变电设备的积污速度。青海电网积污期为10月至次年4月，2月中旬至3月中旬其降水量平均在2mm左右，遇小雨、下雪时容易发生污闪。而且青海存在大规模的盐湖，在 4 月、5 月返潮季节会出现大量的盐雾，也会导致污闪现象的发生。

1.3 高海拔对电网外绝缘的影响

1.3.1 间隙外绝缘放电

对于间隙外绝缘放电电压的高海拔校正，目前国内外现行标准中主要有：

(1) 国家标准《高电压试验技术　第 1 部分：一般定义及试验要求》(GB/T 16927.1—2011) 提供的大气校正方法，等效采用了 IEC 60060—1—2010 标准中引入的“g 参数法”。该方法存在的主要问题是，在计算中需要的数据，特别是实际大气条件时试品的 50%破坏性放电电压值和最小放电距离比较难以获得。但是该方法仅限于应用在海拔 2000m 及以下。

(2) 国际电工协会标准《绝缘配合　第 2 部分：应用指南》(IEC 60071—2—2018) 中给出了外绝缘耐受电压从标准气象条件校正到 2000m 海拔时，根据电压类型和间隙结构的不同给出大气校正因数 K_a 的曲线。该方法中指数的确定是基于 IEC 60060—1 的一个关系式，该关系式仅是通过海拔最高到 2000m 的测量结果所获得的，故该关系式曲线在海拔高于 2000m 时应慎用。

(3) 国家标准《绝缘配合　第 2 部分：使用导则》(GB/T 311.2—2013)，在主要技术内容上等效采用 IEC 60071—2 的同时，GB 311.1 对大气条件、海拔校正作了明确的规定，《绝缘配合　第 1 部分：定义、原则和规则》(GB 311.1—2012) 规定，对用于海拔高于 1000m 但不超过 4000m 处的设备的外绝缘强度，引用了 IEC 60071—2 的海拔修正公式，使用条件仅限于海拔 4000m 以内。

(4) 电力行业标准《交流电气装置的过电压保护和绝缘配合》(DL/T 620—1997) 附录 D 给出了外绝缘放电电压气象条件校正方法，此方法源于美国电机工程师协会的标准。该标准提供的方法是根据外绝缘所在地区气象条件与标准气象条件进一步修正的结果，但是气象校正方法中只给出了海拔到 3500m 的参数。

关于高海拔间隙外绝缘放电研究中，廖永力在《典型空气间隙放电电压修正的试验研究》中得出直流和雷电冲击电压下 U_{50} 和距离 d 之间符合线性关系，操作冲击电压形式下 U_{50} 和 d 之间符合幂函数关系。并且只给出了直流、雷电和操作冲击三种电压形式下在海拔 2100m 以下的修正公式，该公式不仅与海拔有关，而且与电压类型、放电电压有关。丁玉剑在《±1000kV 直流输电线路塔头间隙冲击放电特性试验及海拔校正研究》中在北京和西藏海拔 4500m 的试验基地进行了真型尺寸模拟塔头空气间隙的冲击放电试验，获得了相应的操作冲击和雷电冲击放电特性曲线，其结果表明

GB/T 16927.1、IEC 60071—2 和 GB 311.1 标准推荐的方法已不适用于海拔 4300m 的长空气间隙操作冲击放电，在现有条件下，对于高海拔长空气间隙操作冲击电压的海拔校正，采用相同结构尺寸和布置的试品在不同海拔进行实际冲击放电试验，通过比对分析得出的相应海拔校正因数的方法比较可靠。

1.3.2 污秽外绝缘放电

高海拔条件对于染污绝缘放电特性的影响，主要在于气压的影响，研究主要集中在对低气压下染污绝缘闪络电压降低的特征和规律以及闪络过程中的放电现象进行试验研究和分析。结论普遍认为：随气压降低，染污绝缘的直流和交流闪络电压都会降低，污闪电压 U 与气压 P 之间呈非线性关系，即

$$U=U_0\left(\frac{P}{P_0}\right)^n \tag{1-1}$$

式中 P_0——海拔 0m 时的标准大气压，MPa；

U_0——标准大气压 P_0 时的绝缘子污闪电压，kV；

n——气压对于污闪电压影响程度的下降指数。

n 值的准确性对高海拔下的污闪电压校正具有重要意义，国外学者推荐的 n 值见表 1-1。

表 1-1　国外学者推荐的交流绝缘子 n 值

国家	标准悬式绝缘子	形状复杂的耐污型绝缘子
日本	0.50	0.55
苏联	0.50	0.60
瑞典	0.29	
加拿大	0.50	

我国对绝缘子污闪电压随气压或海拔的变化规律也进行过较深入研究，清华大学最早涉及高海拔低气压条件下绝缘子污闪特性领域的研究工作。清华大学通过大量的污闪试验结果分析以及公式推导，提出了海拔和闪络电压之间的线性关系式，即海拔每升高 1km，污闪电压就下降 k 倍。k 能简单明了地表示出随海拔的升高污闪电压的下降程度。传统的闪络电压与气压之间是非线性关系，下降指数 n 的数值的大小可以表示出闪络电压随海拔的下降程度，但是 n 本身的物理意义无法清晰地直接表述。因此，对工程设计而言，污闪电压与海拔的线性关系式使用起来更方便，而且下降斜率 k 有明确的物理意义，能更明显地表示出海拔对污闪电压的影响。

清华大学在 2m×1.5m×2m 的低气压室里，采用升压法进行了短串绝缘子（三片串）在不同气压下（0～3000m）的人工污秽污闪试验。试验得到的污闪电压随海拔变化的 n 值和 k 值，见表 1-2。

表 1-2　　八种线路绝缘子的 n 值和 k 值

试品	材料	伞　形	机械强度/kN	n	k
1号	瓷	标准型	210	0.65	0.072
2号		双伞	210	0.38	0.045
3号		钟罩	300	0.32	0.043
4号		三伞	210	0.31	0.034
5号	玻璃	普通	210	0.45	0.045
6号		普通	300	0.36	0.040
7号		普通（第二棱高）	300	0.52	0.067
8号		空气动力型	120	0.25	0.031

关于高海拔条件下污闪机理的研究，目前国内外的学者主要集中在高海拔对电弧特性的研究和电弧发展路径的研究两个方面。

20 世纪 50 年代，Obenaus 提出了著名的局部电弧串联剩余污层电阻的电路模型，忽略电弧的电极压降和电源内阻，分析由污闪理论得到的临界闪络电压［式（1-2）］，可以看到污闪电压只和电弧常数以及污层电阻有关。剩余污层电阻显然和气压没有什么关系，唯一和气压相关的只有局部电弧的伏安特性，因而很多研究者在研究污闪电压随气压降低的机理时，便首先从局部电弧伏安特性随气压的变化规律入手。

$$U = AxI^{-n} + R(x)I \tag{1-2}$$

式中　U——施加在绝缘子上的电压，V；

I——泄漏电流，A；

A，n——电弧特性常数；

$R(x)$——剩余污层电阻，Ω。

日本学者 T. Kawamura 和 M. Ishii 在低气压罐中试验发现绝缘子污闪电压和气压成非线性关系，尝试从低气压下电弧的伏安特性角度进行解释。他们认为由于染污表面的降温作用，电弧特性和空气中自由燃烧的电弧是不同的，应该采用实际气压下染污表面的伏安特性，于是在 101kPa 和 13kPa 下测量了玻璃板三角模型表面电弧的特性，电极间距离为 5cm，*ESDD* 为 0.2mg/cm^2，测量结果为 101kPa 时 $A=63$、$n=0.5$，13kPa 时 $A=35$、$n=1$。

然而 101kPa 时实际闪络电压是计算值的 3 倍，而 13kPa 时是 1.8 倍，可以看到理论计算结果和实际试验值有很大的误差。T. Kawamura 和 M. Ishii 又计算了矩形平板上的电压，希望与长棒形绝缘子的实际试验结果比较，因为从污闪理论角度看矩形平板和长棒形绝缘子是相似的，然而计算竟然得到了相矛盾的结果：低气压下矩形平板上的电压比大气压下的计算值高，而棒形绝缘子在 13kPa 时的试验结果是

101kPa 时的 50%～60%。

清华大学黄超峰系统研究了三角平板模型上污闪电压与气压的关系，其结论指出正负极性直流污闪电压随着气压成指数下降的主要原因在于低气压下电弧伏安特性的下降。低气压下，电弧周围散热性能变差、弧径变粗、电弧远离冷壁、污层水蒸汽影响减小以及 Na 原子污染加重等原因，可造成低气压下电弧伏安特性下降。而对于交流情况，交流电弧的发展需要满足电弧发展的条件，而低气压对于交流电弧发展条件的影响要大于对于直流电弧伏安特性的影响，从而造成交流污闪电压的气压下降指数大于直流情况。

Hoch 和 Swift 分析了空气密度对于染污高压绝缘子在直流、交流以及雷电冲击下闪络电压的影响，在观察到棱间电弧后，指出电弧伏安特性下降并不是闪络电压下降的唯一考虑因素，然而伞群间空气间隙的击穿使得问题变得复杂，低气压下的闪络应该是由于沿面和空气击穿两种机制共同完成的，对于交流情况，电弧的重燃也使得分析变得复杂。

综上可知，国内外在高海拔条件下污闪机理方面的研究还进行的较少，绝大多数试验是在小的气压罐里进行的，这与实际海拔条件下的结果可能有一定的差别。且在对电弧发展路径的研究上，仅凭借肉眼的观察或者普通的高速相机来研究电弧的发展，对于电弧的捕捉准确度是很有限的。

1.3.3 鸟粪闪络放电

青海电网有部分输电线路途经自然保护区或者草原植被区，会经常受到鸟害的影响。±400kV 青藏直流输电线路途经可可西里自然保护区、唐古拉地区和安多地区，而 330kV 唐玛玉线路则途经兴海县、大河坝、鄂拉山、玛多、星星海等区域，这些地区植被生长良好，有大量的野兔、仓鼠和鼹鼠等啮齿类动物活动，造成该地区鹰、隼和乌鸦等大型鸟类活动频繁。同时，高原地区缺乏高大的树木，输电线路沿线，只有杆塔属于最高的点，因此杆塔成了鸟类理想的栖息地，使得线路发生鸟害故障的概率较高。

据统计，青海地区的输电线路鸟害故障主要以鸟粪为媒介，根据查阅资料得知，鸟粪闪络类型主要有两种，具体如下：

第一类是鸟类在排便时，鸟粪沿着绝缘子（串）外侧下落，不污染或少量污染绝缘子（串），在下落过程中造成导线侧（高压）与横担侧（地电位）之间的空气间隙短路放电，导致线路跳闸。

第二类是鸟类在排便时，鸟粪直接滴落在绝缘子（串）上，严重污染绝缘子（串），但未立即造成闪络。而在潮湿的气候条件下，鸟粪与绝缘子表面积累的其他污秽共同作用引起沿面闪络。

研究表明，鸟粪闪络的方式主要是鸟粪在距离绝缘子一定距离内下落时导致的突然闪络，闪络机理可以认为是鸟粪下落瞬间畸变了绝缘子周围的电场分布，使鸟粪通道与绝缘子高压均压环或金具之间发生了空气间隙击穿导致的闪络，而且这种闪络机理对瓷、玻璃及合成绝缘子是一样的。

1.3.4 带电作业

关于高海拔地区线路带电作业的研究较为广泛，中国电科院张文亮等在《不同海拔地区同塔双回±660kV直流线路杆塔空气间隙距离的选择》一文中分别就低海拔地区的北京（海拔56m）和高海拔地区的西宁（海拔2254m）开展不同海拔线路模拟杆塔操作波放电电压研究，如图1-1所示。

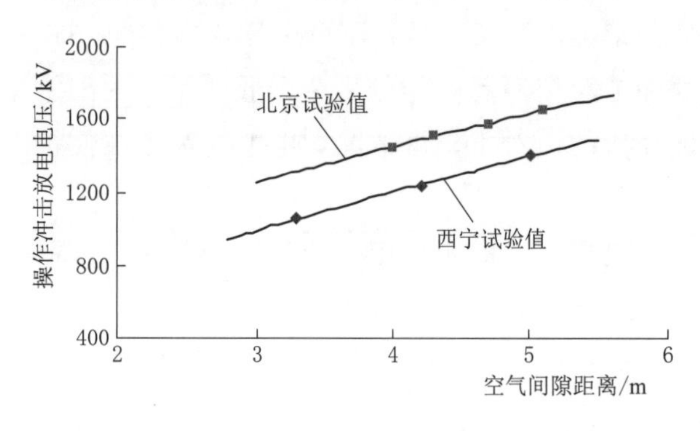

图1-1 不同海拔地区的操作波放电电压曲线

武汉高压研究院的王力农等人在《500kV高海拔紧凑型线路带电作业研究》一文中通过模拟塔进行带电作业间隙的操作冲击放电试验。通过CZ2（海拔不大于1000m地区）、CZ6（海拔大于1000m地区）的1∶1模拟，分别在海拔1000m和1700m做校正，得出表1-3中的数据。

华北电科院的邓春等人在《500kV紧凑型线路带电作业在高海拔地区适应性研究》中开展了1000m、2000m海拔地区的模拟紧凑型线路塔头相对地击穿电压最低位置、相间击穿最低位置的操作冲击试验，并核算了其在1000m、2000m海拔地区的放电电压和危险率。经过计算，在海拔2000m地区，上相等电位作业位置，当相对地最大过电压为1.90p.u.时（σ取12%时，对应的统计过电压为1.74p.u.），其危险率为9.8×10^{-6}；下相等电位作业位置，当相间最大过电压为2.85p.u.时（σ取12%时，对应的统计过电压为2.61p.u.），其危险率为1×10^{-5}。

表1-3 不同海拔下的相对地操作波放电电压

作业位置		CZ2			CZ6		
		1	2	3	1′	2′	3′
$U_{50\%}$/kV	标准气象	1248	1367	1257	1316	1443	1321
	海拔1000m	1138	1246	1146			
	海拔1700m				1135	1245	1139
Z/%		3.6	4.1	1.5	3.4	3.8	3.1

国网电科院的胡建勋等人在《500kV高海拔紧凑型输电线路带电作业试验研究》中进行了3000m及以下海拔的带电作业研究，通过相对地击穿电压最低位置、相间

击穿最低位置的相关试验，以及核算 3000m 海拔地区的放电电压和危险率，给出了 3000m 海拔地区线路杆塔的带电作业相关指标，见表 1-4～表 1-6。

表 1-4　相地（塔身）安全距离计算结果（考虑人体展位 0.5m）

海拔/m	最大过电压 /p.u.	标准条件下 $U_{50\%}$/kV	海拔修正后 $U_{50\%}$/kV	相地间隙距离 /m	带电作业间隙 /m	危险率 /($\times 10^{-7}$)
3000	1.99	1448	1183	4.3	3.8	1.79

表 1-5　相地（横担）安全距离计算结果（考虑人体展位 0.5m）

海拔/m	最大过电压 /p.u.	标准条件下 $U_{50\%}$/kV	海拔修正后 $U_{50\%}$/kV	相地间隙距离 /m	带电作业间隙 /m	危险率 /($\times 10^{-7}$)
3000	1.99	1392	1117	4.3	3.8	2.21

表 1-6　相间安全距离计算结果（考虑人体展位 0.6m）

海拔/m	最大过电压 /p.u.	标准条件下 $U_{50\%}$/kV	海拔修正后 $U_{50\%}$/kV	相地间隙距离 /m	带电作业间隙 /m	危险率 /($\times 10^{-7}$)
3000	2.8	2289	1769	6.95	6.35	9.51

1.3.5　防污闪材料老化性能评估

国外防污闪涂料的研究首先由美国太平洋煤气电力公司于 1973 年开展，美国 Millitone 核电站的站内设备、瑞典直流换流站的穿墙套管涂覆 RTV 硅胶（室温硫化硅橡胶）涂料以减少雨闪和污闪发生为研究目标。国内 RTV 硅橡胶涂料的研究工作始于 1985 年，1986 年开始小范围试运行，1990 年开始在河南、天津大范围使用，并在全国大范围推广应用，为污闪治理发挥了较好作用。国内从事 RTV 防污闪涂料研究的主要单位有清华大学、武汉大学和西北电力研究所等单位。前期应用中发现，RTV 防污闪涂层机械强度差，涂层硬度小，易划破；阻燃及耐漏电起痕能力不强；且长期带电、受紫外线照射等作用，防污闪寿命较短。PRTV（电力设备外绝缘用持久性就地成型防污闪复合涂料）的研制始于 2001 年，该产品保有 RTV 室温硫化、能够现场施工的特点，同时又具有合成绝缘子所用高温硫化硅橡胶性能的长期稳定性（设计寿命不低于 20 年）。PRTV 涂料具有优于 RTV 防污闪涂料的憎水性及憎水迁移性，同时具有一定的憎油性和良好的不粘性。与 RTV 内部的憎水基团数量相比，自然流失的憎水基团数量极少，所以 PRTV 的有效寿命较长。采用特殊技术处理后的 PRTV，内部所具有的改性负极性分子基团远比 RTV 涂料丰富，这也是其使用寿命超长的原因之一。PRTV 涂料统一称为 RTV 涂料，具有良好的憎水性，对于防污闪有一定作用。

RTV 材料的老化机理分为电老化、大气老化和环境老化。

（1）电老化又分为电晕老化和电痕老化。关于电晕老化的老化机理国内外研究学者的意见并不一致，电晕老化对RTV涂料的影响有待深入开展；Yoshimura等通过光谱分析发现，在漏电起痕过程中有电晕放电、电弧放电和闪络放电三种放电形式。电晕放电是小电流放电现象，其光谱主要集中在紫外区域，紫外线产生的能量较大，会激发出材料内的逃逸电子，而其表面的温度可以达到很大，该温度足以使材料碳化。闪络放电是绝缘材料表面碳形成的最重要因素。大量闪络放电出现的同时，会伴随出现电弧放电现象。闪络放电基本出现在靠近绝缘材料的表面，而电弧放电和电晕放电则远离绝缘材料表面。电弧放电是巨大电流放电现象，主要出现在两个金属电极和绝缘表面的炭层之间，因此电极的金属类别会影响电弧放电光谱的类型。从上述分析可知，绝缘材料电痕化破坏的重要原因是紫外线和热的联合作用导致炭层的形成。

（2）大气老化又分为紫外老化、高低温交变老化和盐雾老化。关于紫外老化，国内主要是对复合绝缘子进行研究，对硅橡胶的研究较少，研究表明短时氙灯辐射对高温硫化硅橡胶表面憎水性影响不大，但材料表面形貌发生了变化，长波紫外照射时其憎水性随着老化时间的增加而降低，部分Si—C键断裂。而国外关于紫外线对硅橡胶的影响争议较多，且现有研究着重在短波照射，长波照射对其影响尚无定论。关于高低温交变老化，刘丽萍等人研究了苯基硅橡胶的高低温拉伸性能，通过高温及低温环境下进行拉伸试验，发现在低温下其拉伸强度和拉断伸长率随着温度的降低而增大，在高温下拉伸时，其拉伸强度和拉断伸长率随着温度升高显著降低。张万富等人通过对聚氨酯薄膜的温度交变老化试验，发现温度交变加剧了材料的老化。关于盐雾老化，S. Kumagai等在Chubu大学自然老化两年和人工盐雾环境研究了硅橡胶和瓷绝缘子的性能，通过泄漏电流分析表明人工盐雾环境下硅橡胶性能优于瓷绝缘子，而户外情况则相反。目前研究大多数着重在硅橡胶带电老化，而关于盐雾对于RTV涂料内部变化及憎水迁移性的研究较少。高聚物材料在温度交变的环境下，会产生更严重的老化现象，而现有温度对于RTV材料的影响仅限于高温或者低温的研究，在温度交变方面尚待研究。

（3）环境老化分为酸碱老化和油老化。关于酸碱老化，武汉大学蔡登科等人对RTV材料进行了抗老化能力方面的研究与探讨，发现RTV在碱性溶液中浸泡后发白，其他的外观无明显变化；在经过体积浓度为0.03mol/L的酸碱溶液浸泡后，RTV硅橡胶在主要结构上没有发生明显的破坏。华北电力大学王俊杰等人将RTV样品置于不同质量分数的酸碱溶液中浸泡，取出后进行憎水性的测量，发现酸碱溶液的浓度越大，样本的静态接触角下降速度越快。高岩峰等人在研究液体对高温硫化硅橡胶的浸入特性时，发现高浓度的硝酸溶液浸入硅橡胶后，与硅橡胶本体和填料发生了反应，引起了明显的劣化与膨胀，通过FTIR和TGA的分析，发现产生了硝酸铝等产物。关于油老化，由于变压器绝缘套管上主要采用的是RTV，武汉大学姚刚等人研究了变压器油对 RTV 绝缘特性的影响，通过对比不同浸油时间与不同迁移时间下 RTV 的憎水迁移性，发现浸油时间越长，其憎水恢复性越差。沈阳工业大学孙默冉等人研究了丁腈橡胶热油老化的机理及规律，试验选取了变压器油，发现随着热油老化时间的延长，橡胶老化程度加剧，其内部大分子发生降解，断裂成小分子并逐渐脱离橡胶基体。

第2章

高海拔空气间隙外绝缘

随着国家大力推进“碳达峰、碳中和”行动、力争早日实现“双碳”目标，青海的大型光伏基地、四川的大型水电基地和新疆的大型风电基地的清洁电能需要通过特高压交、直流送到负荷中心。未来，超/特高压交、直流线路将更多地穿越高海拔地区。然而高海拔地区空气稀薄、紫外线强、昼夜温差大，气候条件复杂，上述工程关键设备的绝缘水平将直接影响整个工程的经济性，甚至会影响到技术上的可行性。高海拔地区超高压和特高压输变电工程设计中采用长空气间隙，合理选择电气距离具有重大经济意义。

2.1 高海拔空气间隙外绝缘放电特性

由于高海拔地区空气密度小，导致高海拔地区空气间隙的放电电压降低，因此为给电力设备和输电线路设计提供最精准的数据，减小相关工程的造价和投入，空气间隙设计时，应以操作冲击放电特性试验和雷电冲击放电特性试验为主要标准。

2.1.1 典型间隙操作冲击间隙放电特性试验

在不同海拔地区（海拔50m的北京地区、2254m的西宁地区和4300m的西藏地区）对棒—板和棒—棒典型间隙进行了操作冲击放电特性试验，如图2-1、图2-2所示，并得出不同海拔地区的放电特性曲线，如图2-3所示。

2.1.2 典型间隙雷电冲击间隙放电特性试验

在不同海拔地区（海拔2254m的西宁、4200m的玛多、5200m的唐古拉地区）对棒—板和棒—棒典型间隙进行了操作冲击放电特性试验，如图2-4、图2-5所示，并得出不同海拔地区的放电特性曲线，如图2-6所示。

2.1.3 模拟塔空气间隙冲击放电特性试验

在国家电网有限公司西藏高海拔试验基地（羊八井，海拔4300m）和国家电网有

图 2-1　棒—板间隙操作波放电试验

图 2-2　棒—棒间隙操作波放电试验

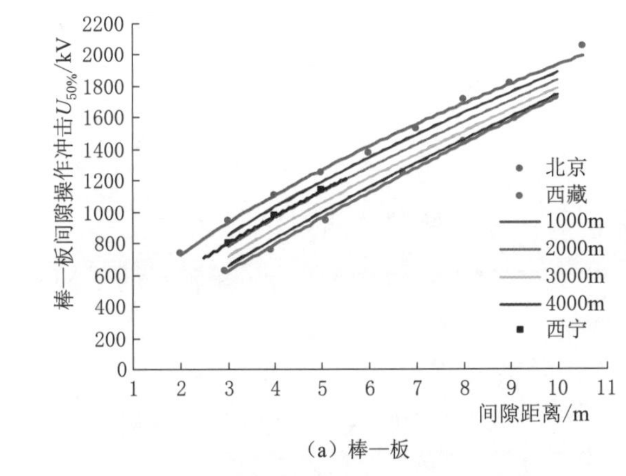

(a) 棒—板

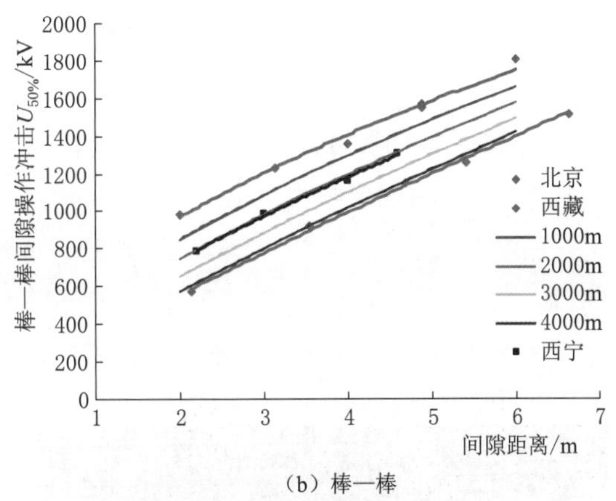

(b) 棒—棒

图 2-3　不同海拔下棒—板和棒—棒间隙操作冲击放电电压曲线

图 2-4　棒—板间隙雷电波放电试验

图 2-5　棒—棒间隙雷电放电试验

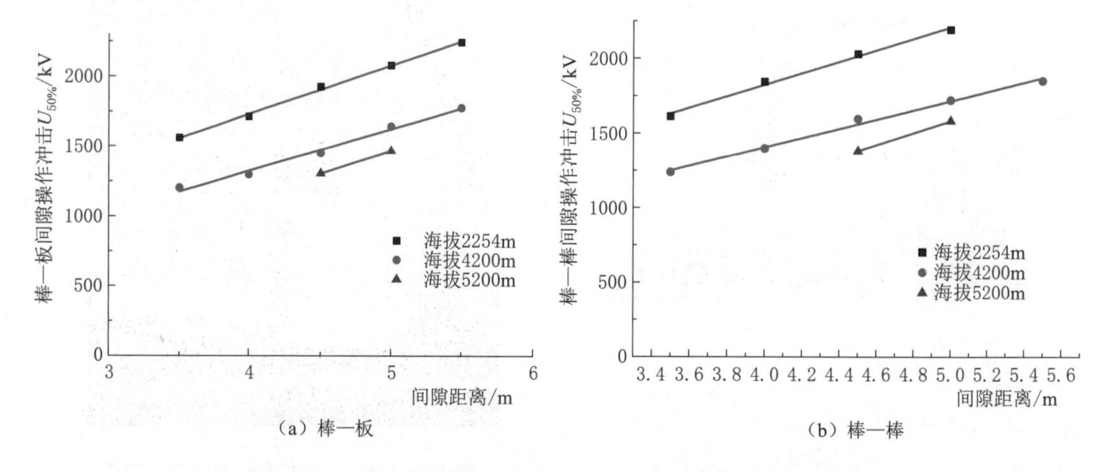

图2-6　不同海拔下棒—棒、棒—板间隙雷电波试验曲线

限公司特高压直流试验基地（北京，海拔50m），采用尺寸完全一致的模拟塔头，开展了导线—塔身间隙的工频放电特性试验、边相和中相的操作冲击放电特性试验、绝缘子串和空气间隙雷电冲击放电特性试验等。

2.1.3.1　工频放电特性试验

高海拔地区的导线—塔身工频放电特性试验试品布置照片如图2-7所示，试验间隙距离不同，间隙的工频闪络电压范围为150～500kV，得到如图2-8所示的不同海拔地区导线—塔身工频放电电压与间隙距离的关系曲线。

图2-7　工频放电特性试验试品布置图

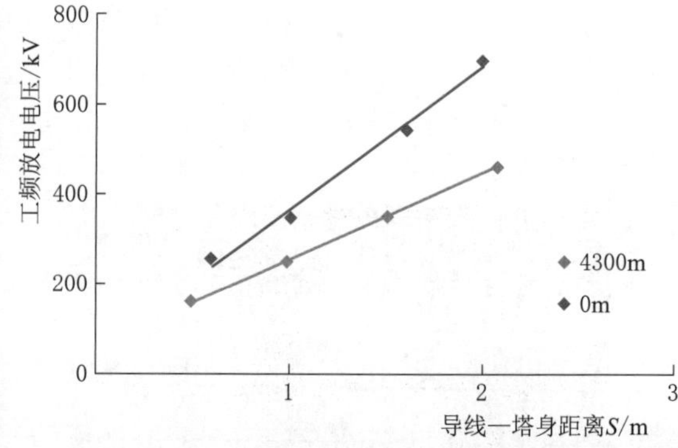

图2-8　导线—塔身工频间隙放电特性曲线

对导线—塔身间隙，在上述间隙距离范围内，海拔4300m地区的导线—塔身的工频放电电压比海拔0m地区的试验结果低24%～33%，随着间隙距离的增大，导线—塔身间隙工频放电电压的海拔校正系数增大。

2.1.3.2　操作冲击放电特性试验

（1）中相。对中相施加正极性标准操作冲击电压，调节导线—塔身的空气间隙距离，得到了如图 2－9 所示的高海拔地区中相导线—塔身的 50％操作冲击放电电压与间隙距离的关系曲线。可以看出，在 2.0～4.6m 的试验间隙距离范围内，随着间隙距离的增大，校正系数变小。现场试验如图 2－10 所示。

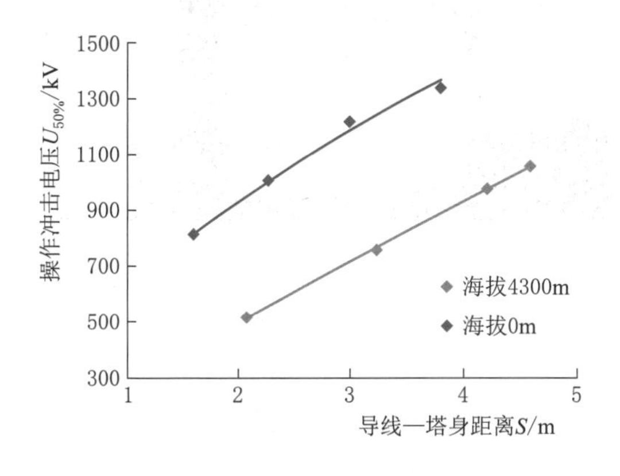

图 2－9 高海拔地区中相导线—塔身操作冲击特性曲线

图 2－10 高海拔地区中相导线—塔身操作冲击放电

（2）边相。对边相施加正极性标准操作冲击电压，得到如图 2－11 所示的塔头空气间隙的 50％操作冲击放电电压与间隙距离的关系曲线。可以看出，在高海拔地区，在 2.0～4.5m 的试验间隙距离范围内，随着间隙距离的增大，校正系数变小。现场试验如图 2－12 所示。

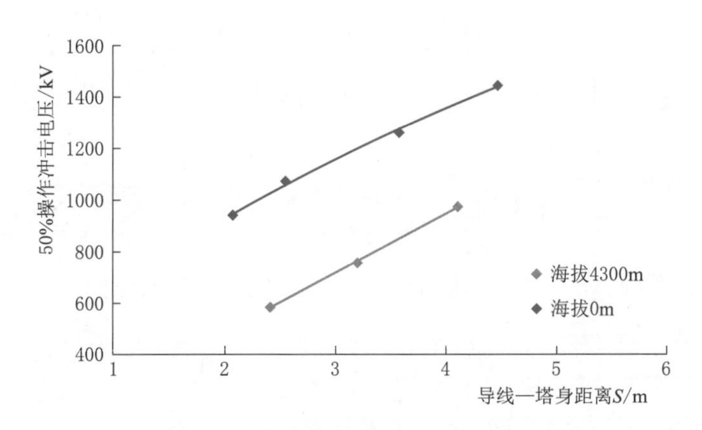

图 2－11 高海拔地区边相导线—塔身操作冲击放电特性曲线

2.1.3.3 雷电冲击放电特性试验

（1）绝缘子串。对高海拔地区Ⅰ型绝缘子串进行雷电冲击放电特性试验。试验的绝缘子串长 1.6～4.1m，试验的雷电冲击电压范围为 500～1400kV（图 2－13）。可以看出，在高海拔地区同低海拔地区一样，放电电压与绝缘子串长度基本呈线性关系。

(2) 空气间隙。对高海拔地区导线—塔身空气间隙进行雷电冲击放电特性试验。试验的导线—塔身空气间隙范围为1.2～5.0m，试验的雷电冲击电压范围为600～1800kV（图2-14）。可以看出，在高海拔地区同低海拔地区一样，放电电压与间隙距离呈线性关系。在同一海拔下，随着间隙距离的增大，校正系数不变。

图2-12　高海拔地区边相导线—塔身操作冲击放电照片

2.1.4　高海拔地区±400kV输电线路塔头间隙放电特性试验

中国电力科学研究院在海拔4300m和0m地区分别进行过±400kV直流输电线路塔头空气间隙放电特性试验，得到不同间隙距离范围内的±400kV直流塔头间隙操作

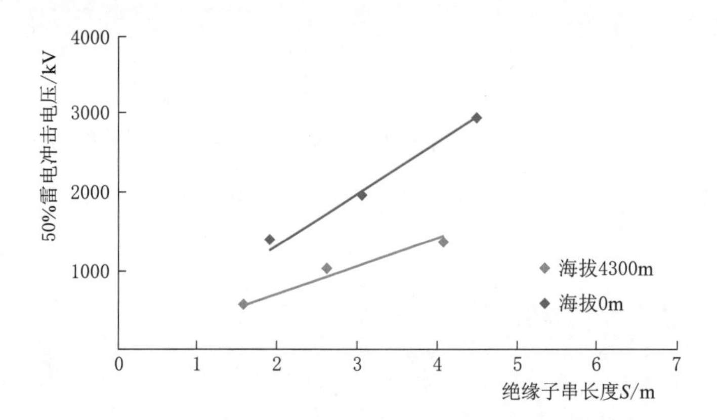

图2-13　高海拔地区绝缘子串雷电冲击放电特性曲线

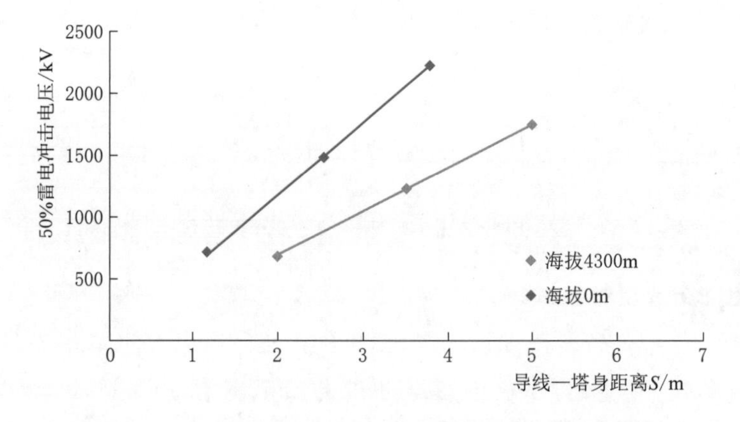

图2-14　高海拔地区导线—塔身雷电冲击放电特性曲线

冲击放电特性曲线。海拔 0m、3000m、4300m 和 5000m 地区的±400kV 直流塔头间隙放电特性曲线如图 2-15 所示。

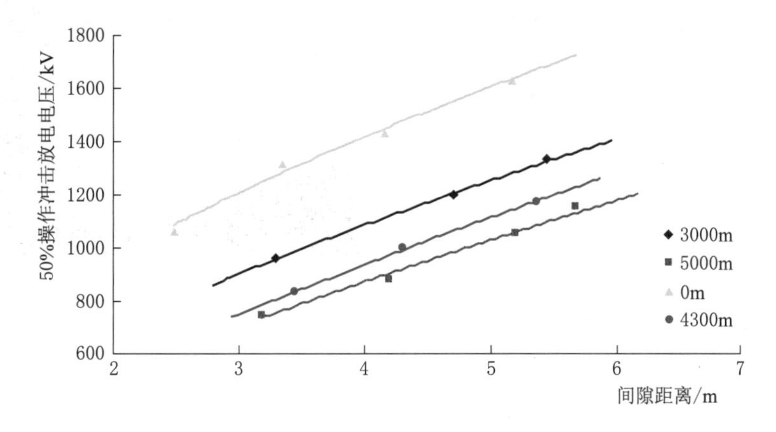

图 2-15　不同海拔地区±400kV 直流塔头间隙放电特性曲线

对±400kV 直流线路杆塔间隙在 0m 和 5000m 海拔下的试验结果进行插值计算，得出不同海拔时操作冲击放电电压与间隙距离的关系曲线。对图 2-15 中北京和西藏的试验电压曲线进行插值计算，可得如图 2-16 所示的不同海拔时操作冲击放电电压与间隙距离的关系曲线。从图 2-16 中可以看出，不同海拔地区的试验数据点和插值法的计算曲线比较接近，考虑到高压试验本身的分散性，可以认为插值法的计算有一定合理性，可用来对不同海拔地区的海拔校正系数进行分析。

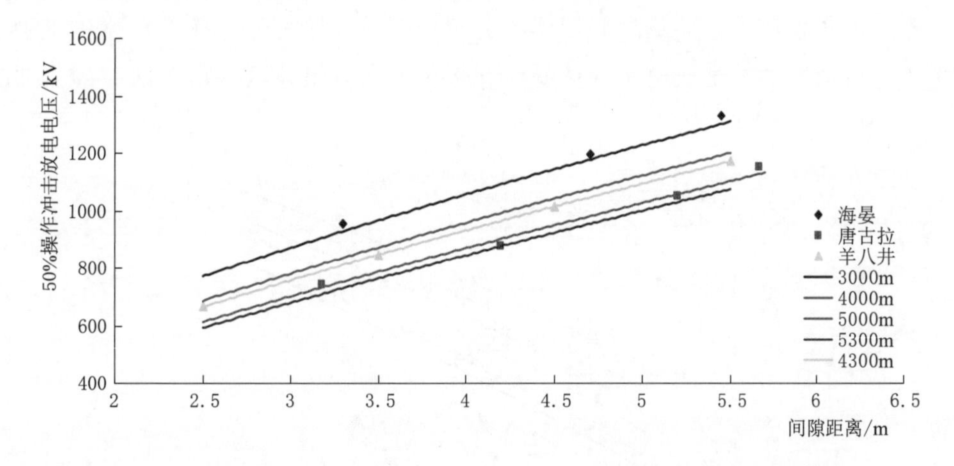

图 2-16　±400kV 直流线路塔头间隙操作冲击放电电压与间隙距离的关系

根据±400kV 直流线路过电压计算结果，线路的过电压水平按 1.6p.u.、1.7p.u. 和 1.8p.u. 考虑。参照《高压直流架空送电线路技术导则》(DL/T 436) 中给出的导线对杆塔空气间隙正极性 50%操作冲击放电电压 $U_{50\%}$ 的计算式 (2-1)，并根据图 2-16，以海拔 3000m 的试验数据为基础，可计算得到不同海拔的校正因数和对应的 3000m

海拔地区操作冲击50%放电电压$U_{50\%}$，见表2-1。

表2-1　±400kV直流输电线路杆塔间隙海拔校正因数

过电压	海拔/m	3000	4000	5000	5300
1.6 p.u. 660kV	插值法计算	1.00	1.10	1.19	1.22
	操作冲击$U_{50\%}$/kV	776	850	922	943
1.7 p.u. 701kV	插值法计算	1.00	1.09	1.18	1.21
	操作冲击$U_{50\%}$/kV	824	900	974	996
1.8 p.u. 742kV	插值法计算	1.00	1.09	1.18	1.20
	操作冲击$U_{50\%}$/kV	873	951	1027	1049

$$U_{50}=\frac{U_m\times k_2\times k_3}{(1-2\sigma_S)\times k_1} \tag{2-1}$$

式中　U_m——最高工作电压；

k_1、k_2——操作冲击电压下间隙放电电压的空气密度、湿度校正系数；

k_3——操作过电压倍数；

σ_S——空气间隙在操作过电压下放电电压的标偏，取0.05。对于V形绝缘子串塔头间隙，式（2-1）中取$3\sigma_S$。

2.1.5　塔头V形绝缘子串间隙放电研究

在不同海拔地区的试验场地开展了4分裂和6分裂导线V形绝缘子串的真型尺寸模拟塔头空气间隙的冲击放电特性试验，获得了不同海拔地区的塔头间隙操作冲击和雷电冲击放电电压曲线，如图2-17所示。

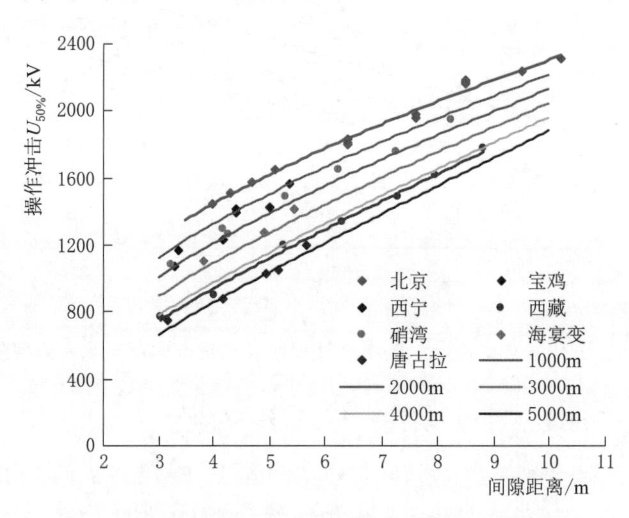

图2-17　分裂导线塔头间隙操作冲击放电特性曲线

根据塔头间隙操作冲击试验数据，采用插值法计算了海拔1000～4000m的操作冲击放电特性曲线，其中图2-18中曲线a为IEC 60071—2中推荐的曲线。

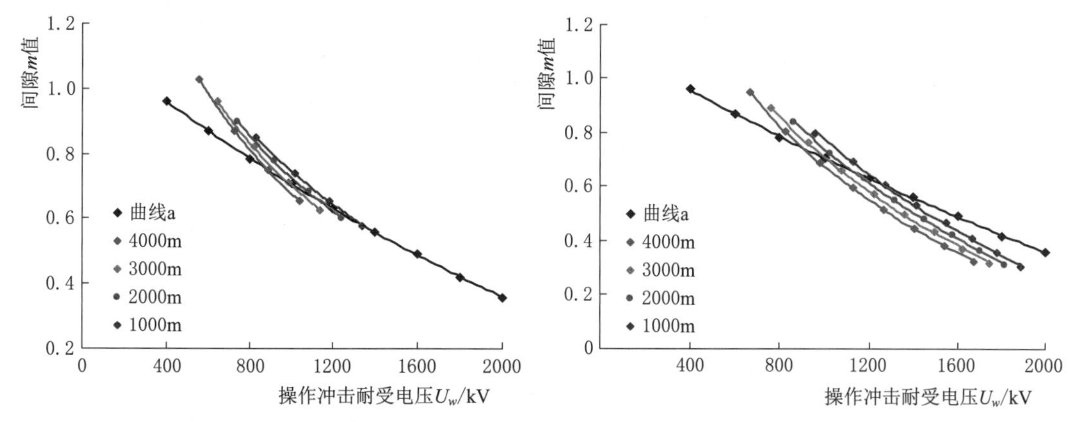

（a）4分裂导线塔头间隙m值与操作冲击耐受电压U_w的关系　（b）6分裂导线塔头间隙m值与操作冲击耐受电压U_w的关系

图2-18　4分裂和6分裂导线塔头间隙m值与操作冲击耐受电压U_w的关系

2.2　高海拔间隙外绝缘影响因素

2.2.1　沙尘对输电线路间隙外绝缘的影响

开展空气间隙放电特性的研究，充分掌握空气间隙的绝缘强度特性，以便经济合理地确定工程所需的间隙距离，是特高压输电工程建设的现实需求，因此国内外学者对典型空气间隙的放电特性进行了大量的研究。

美国学者N. Y. Babaeva和M. J. Kushner研究了空气中含有颗粒物或者气溶胶的情况下流注的发展情况。研究显示，光电离过程受到沙尘颗粒的引导作用，相对于没有沙尘颗粒的区域，有沙尘间隙的区域中光子浓度和电子浓度更高。对固体而言，电子在光电效应的作用下从固体表面逸出，仅需考虑固体的逸出功。而对于气体，需要考虑的因素主要是气体的电离能。以逸出功约3.25eV的石英砂这种物质为例，其需要的能量小于空气中主要成分N_2和O_2的电离能（二者的电离能分别为15.6eV和12.5eV）。研究结果还指出沙粒能促进光电离过程，流注中电子崩和二次电子崩的发展将会因此得到促进。

美国学者Latham最早在1964年指出，在沙尘暴天气中存在着运动沙粒的起电现象，并认为这种现象的起因来源于不同沙粒之间的不对称摩擦运动。兰州大学的黄宁支持Latham的说法，并通过试验验证了其观点。黄宁同时还进一步指出，伴随沙粒的粒径和风沙风速的增加，沙粒所带电荷量将减小。张鸿发通过物理风洞实验模拟沙尘暴现象，发现风沙带电特性为随着风速增大带电量增大、随着颗粒度增大风沙带电量减小。晴天各高度风沙电场为正，随着高度的降低，电场强度也降低，沙尘天气，各高度电场随风速变化而不同。风洞实验中，60μm 大小为正负电荷分界，不同地区沙样，带正负电荷的临界径粒不同。郑晓静认为地表沙粒运动与风场作用的相互耦合，大气和地表条件具有多样性的特点，因此有关风沙运动问题的研究非常复杂。沙粒运动导致沙粒带电并形成风沙电场，同时风沙电场影响沙粒的运动，小沙粒带电荷量随风速增大趋于负极性，而大沙粒间随着风速增大趋于带正极性，并且与沙样的含水量有关。

为了得到典型空气间隙在风沙条件下的放电特性变化规律，沙特阿拉伯 M. I. Qureshi 和 A. A. Al－Arainy 等学者，以棒—棒间隙、棒—板间隙为研究对象，进行了在操作冲击电压和雷电冲击电压下的风沙放电特性影响试验。研究表明，沙尘的存在会影响气隙的击穿特性，击穿电压的影响程度与间隙距离、电极形状、沙径和电压类型有关。但该项研究只在低海拔进行了小间隙的试验，并未考虑风沙电场、沙粒中的含盐比等因素。

埃及学者 M. Awad 等人进行了沙尘条件对玻璃绝缘子串沿面闪络特性影响的试验研究。试验过程中，沙粒的带电是通过与带电金属网碰撞后实现的。研究表明，在模拟沙尘条件下，绝缘子的闪络电压降低；风速的增大会造成绝缘子闪络电压增加；绝缘子的闪络电压随着金属网所施加电压值的增大而减小；当对金属网施加直流电压时，沙尘环境下绝缘子闪络电压减小的程度比对金属网施加交流电压时要大。

与此同时，埃及学者 M. Awad 等人对沙尘带电量对于间隙击穿电压的影响也作了相关报告。其研究方法为通过调整荷电起晕网的电压，控制空间电荷层的电荷密度，进而改变沙尘的带电量。研究结果表明，随着沙尘荷电量的升高，绝缘子闪络电压降低，且沙尘均带同种电荷的情况下击穿电压降低最为显著。

国外学者的研究成果和研究方法值得借鉴，但国外学者的研究仅适用于其本国国情，均只在低海拔情况下开展。对于高海拔天气情况下，风沙对于间隙击穿电压的影响则未见报道。

国内也有一些学者开展了关于沙尘对外绝缘影响的研究工作。中国电力科学研究院有限公司开展了大量在标准气象条件和高海拔条件下典型空气间隙放电特性的试验研究，得到了常温常压条件下空气间隙放电特性规律并推荐了高海拔条件下放电电压的校正系数，而针对高海拔高干环境下沙尘对输电线路间隙外绝缘的影响研究有待展开。西安交通大学开展了板—板间隙工频击穿电压特性试验，实验研究了不同风速、沙尘浓度条件下，沙尘条件对板—板间隙工频击穿特性的影响。实验结果显示：存在沙尘时，击穿电压随风速的增加其总体的趋势是先下降后上升。重庆大学开展了沙尘条件下气隙击穿和沿面闪络等方面的研究，得到了风速、沙粒荷电量、沙粒沉积量及沙粒含水量等因素对气隙击穿和沿面闪络的影响规律。实验结果认为，正直流电压作用下，间隙中存在风沙情况下击穿电压比无风沙大，而负直流电压作用下间隙有风沙的击穿电压比无风沙小。重庆大学司马文霞、吴亮等人进行了风速范围为4～10m/s，间隙距离为3cm、3.5cm、4cm的棒—棒间隙以及间隙距离为3cm、4cm、5cm的棒—板间隙工频击穿特性试验，试验分别在有风有沙和有风无沙两种条件下进行，发现有风有沙和有风无沙两种情况下间隙的击穿电压走势几乎一致，对空间间隙的击穿电压起到主要影响作用的因素是风，风的存在影响了放电通道的建立，拉长了放电过程中的电弧长度。贺博等也进行了不同沙尘浓度的板—板工频击穿电压特性试验。试验中将沙尘的浓度划分为5个等级，在风速为7m/s和13m/s两种条件下，10mm、15mm、30mm、45mm板—板间隙的击穿电压与沙尘浓度的关系可以看出风速条件不变、间隙距离固定的前提下，板—板间隙的工频击穿电压是随沙尘的浓度增加而降低的。

上述主要是针对沙尘环境对短间隙的影响研究，青海公司针对沙尘环境对长间隙的影响开展了大量的试验研究工作，通过在海拔2200m、2850m和3540m地区分别开展了不同沙尘参量下1～3m典型间隙的正极性操作冲击击穿特性试验，研究了沙尘风速、浓度、粒径、电荷量和含盐比等因素对长空气间隙操作冲击和直流击穿特性的影响，根据试验研究结果，沙尘风速、浓度、粒径、电荷量及含盐比等参数，对典型间隙的放电电压影响在±6%以内。在高海拔高干环境下，对于110kV及以上的电压等级输电线路故障，沙尘环境不是主导因素，在间隙外绝缘设计时，对于1m以上的长间隙可以不考虑沙尘环境因素的影响。

2.2.2 盐雾对输电线路间隙外绝缘的影响

美国在1963年就进行了间隙距离小于2m的棒—棒、棒—板空气间隙的直流放电特性试验研究，试验电压达800～900kV。1970年瑞典和意大利对棒—棒、棒—板等典型空气间隙进行了直流放电特性试验研究，试验电压达1500kV，棒—板的耐受电压试验间距达3m。意大利电力研究中心（CESI）的试验结果以及其他文献的数据表明：直流电压下间隙系数1.15～1.8，空气间隙距离1～3m，其短时间的闪络电压几乎与间隙距离成正比。无论电压正或负、状态干或湿，平均的闪络梯度都接近500kV/m。只有负极性、干状态，棒—板结构才能观察到高得多的闪络梯度。考虑到施加电压持续时间的影响，可取400kV/m作为空气间隙设计的保守数值。20世纪70年代，法国Les Renardieres实验室进行了间隙长度达10m的操作冲击放电实验，对长空气间隙放电过程进行了系统研究。实验中利用光电倍增管、图像变换器、光谱仪、分压器、分流器、通量计等一系列测量手段对放电过程的电压、电流、电荷、光谱以及放电图像进行了记录，其测量结果揭示了间隙放电的基本过程，并为许多研究者建立长空气间隙放电模型提供依据。Les Renardieres 实验室所采用的测量手段也成为研究间隙放电的经典测量手段。间隙击穿特性的计算方法研究方面，面积法是由 Kind 在开展了大量试验后于 1957 年提出的，其基本原理是：对于某一间隙结构，均存在一特征值 U_b，其为伏秒特性曲线的下限值，施加电压波形与 U_b 包围的面积为一恒定值 F。若已知某一间隙的 U_b 和 F 值，即可利用面积法计算恒定波形下的伏秒特性以及任意波形下的冲击耐受电压。

国内外在特殊条件下外绝缘放电特性研究方面做了大量的工作，主要是研究不同降雨对空气间隙工频和操作冲击电压下的放电特性的影响研究。如日本在其特高压试验基地模拟了雨后条件对真型均压环与塔窗之间空气间隙放电特性的影响。研究结果表明，在模拟降雨停止后，均压环—塔窗空气间隙的操作冲击闪络电压比淋雨前降低 8%～15%。美国在其特高压试验基地针对有 V 形串的导线—杆塔窗口试验研究了其正极性干闪和自然降雨条件下的正极性湿闪电压的不同。该试验结果说明降雨对导线—杆塔空气间隙的操作冲击闪络电压有影响，其影响幅度与降雨强度、雨水电阻率、间隙距离等因素相关。加拿大进行了大雾条件下小空气间隙工频闪络特性的一些试验研究，其电极形式为棒—棒，间隙距离 0.2～1.4cm，雾水电导率为 370～10,000μS/cm。研究结果表明，棒—棒小间隙的工频闪络电压与雾水的电导率有关，在试验范围内闪络电压降低幅度最高为 22%；雾水条件下的相应降水率大小对小间隙的工频闪络电压有明显的影响。国内，青海省电力公司结合现场气象调研开展了 18～4000μS/cm 雾水电导率对典型间隙工频放电的影响研究，试验结果表明棒—板短空气间隙工频放电电压均随雾水电导率的增大而减小，且雾水电导率对棒—板空气间隙的放电电压值的影响趋势随着间隙距离的增大而减弱。盐雾中的小液滴吸附了空间的自由电荷，但自身具有高电导率性，因此盐雾中的小液滴自身带有大量自由电荷，易形成放电通道，促进棒端流注的发展，进而降低间隙击穿电压。然而随着棒板间距的增大，空间电荷间的平均自由程增大，空间电荷密度减小，且空间的雾水浓度达到饱和，进而雾水电导率对间隙击穿电压的影响降低。

2.2.3 鸟粪对输电线路间隙外绝缘的影响

鸟粪闪络过程可以分为三个阶段：①鸟粪的形成和伸长，鸟粪排出后，以自由落体的方式下落，形成一段细长的下落体；②绝缘子周围电场发生严重畸变，鸟粪通道的首端与高压导线之间空气间隙的电场强度大大增加，绝缘子承受的大部分电压都加在了这一段空气间隙上；③空气间隙击穿，当鸟粪通道的前端越来越接近绝缘子的高压端时，他们之间的空气间隙被击穿，形成局部电弧并最终引发闪络。

根据青海电网故障数据统计，鸟粪闪络故障已经成为高海拔地区输电线路故障高发的原因之一，2014 年青海省电力公司在西宁高海拔高电压实验室开展了交流 330kV

和直流±400kV模拟塔头鸟粪闪络试验研究，通过电场仿真和模拟塔头鸟粪闪络试验中可以看出，当黏稠度与电导率发生变化时，鸟粪放电距离也会随之变化，可以得出如下结论：

（1）电导率一致的情况下，黏稠度越高，则发生放电的距离越远。

（2）在黏稠度一样的情况下，电导率增加时，鸟粪滴落放电距离也将增加。

（3）经观察，直流对于鸟粪有静电吸附作用，不加电压时，鸟粪都是呈连续直线下落。当施加直流电压后，鸟粪在下落一段距离后会向导线方向发生弯曲，图2-19中红线表示交流电压时鸟粪运动轨迹，黑线表示施加直流电压时鸟粪运动轨迹。黏稠度较低时，会由于静电吸附作用鸟粪散成絮状，从而不容易发生放电；当黏稠度高时，鸟粪成连续状被吸附，容易在较远距离上发生放电。但随着距离增加，静电吸附力将会降低，同时考虑海拔升高时，空气密度下降，空气阻力也将下降，这些相互作用需要进一步研究。

图2-19　静电吸附后鸟粪轨迹图

（4）电压等级越高，导致间隙击穿的鸟粪长度越大。

（5）在间隙距离较小时，鸟粪闪络放电电压具有较好的线性度。结合现场试验及插值法推算，可以得出在不同海拔时不同黏稠度情况下的交流330kV、+280kV及+400kV时的鸟害危险区域（表2-2～表2-7）。

表2-2　交流330kV输电线路在高电导率时不同海拔条件下鸟粪滴落危险区域　单位：m

海　拔	2254	3000	3500	4000	4200	4500	5000
防鸟半径	1.20	1.32	1.40	1.49	1.52	1.58	1.68

表2-3　交流330kV输电线路在中电导率时不同海拔条件下鸟粪滴落危险区域　单位：m

海　拔	2254	3000	3500	4000	4200	4500	5000
防鸟半径	1.00	1.1	1.17	1.24	1.27	1.32	1.40

表2-4　交流330kV输电线路在低电导率时不同海拔条件下鸟粪滴落危险区域　单位：m

海　拔	2254	3000	3500	4000	4200	4500	5000
防鸟半径	0.90	0.98	1.06	1.11	1.14	1.19	1.26

表2-5　直流输电线路在高黏稠度时不同海拔条件下鸟粪滴落危险区域　单位：m

海　拔	2254	3000	4000	4500	5000	5300
+280kV时防鸟半径	1.900	2.049	2.267	2.384	2.507	2.584
+400kV时防鸟半径	3.1	3.342	3.699	3.889	4.089	4.216

表2-6　直流输电线路在中黏稠度时不同海拔条件下鸟粪滴落危险区域　单位：m

海　拔	2254	3000	4000	4500	5000	5300
+280kV时防鸟半径	1.300	1.402	1.551	1.631	1.715	1.768
+400kV时防鸟半径	2.7	2.911	3.221	3.387	3.562	3.672

表2-7　直流输电线路在低黏稠度时不同海拔条件下鸟粪滴落危险区域　单位：m

海　拔	2254	3000	4000	4500	5000	5300
+280kV时防鸟半径	0.4	0.431	0.477	0.502	0.528	0.544
+400kV时防鸟半径	1.5	1.617	1.790	1.882	1.979	2.040

第3章

海拔校正方法

空气间隙和绝缘子构成了电气设备的外绝缘，空气间隙的击穿电压及绝缘子的闪络电压和大气条件有关。随着海拔高度增加，空气密度下降，外绝缘放电电压随之下降，因此高海拔地区电气设备外绝缘配置必须考虑海拔高度的影响，通过海拔修正的方法来校正海拔对外绝缘的影响，从而得出空气间隙和绝缘子外绝缘的真实状态。

目前相应的标准中都对外绝缘中的海拔修正方法有所说明，分别给出了外绝缘放电电压与大气参数之间关系的经验公式，这些公式、校正方法各有不同，因此所得出的海拔校正系数不同、适用范围也不相同。

3.1 海拔校正方法分类

对于间隙外绝缘放电电压的高海拔校正，目前国内外现行标准中主要有以下一些校正方法。

3.1.1 《高电压试验技术　第1部分：一般定义及试验要求》(GB/T 16927.1—2011) 中的校正方法

GB/T 16927.1—2011 提供的大气校正方法，利用校正因数可将测得的放电电压值换算到标准参考大气条件下，反之，也可将标准参考大气条件下规定的试验电压值换算为试验条件下的电压值。GB/T 16927.1—2011 等效采用了 IEC 60060—1—2010 标准中引入的“g 参数法”；它规定放电电压校正计算公式为

$$U=U_0K_t \tag{3-1}$$

其中

$$K_t=K_1K_2$$

$$K_1=\delta m$$

$$K_2=K^w$$

式中 U_0——标准大气条件下的放电电压，kV；

U——实际放电电压，kV，放电电压值正比于大气校正因数 K_t；

K_1——空气密度校正因数；

δ——相对空气密度；

K_2——湿度校正因数；

K——取决于试验电压类型并为绝对湿度 h（g/m^3）与 δ 的比率 h/δ 的函数；

m、w——校正指数，其值仍在研究中，其近似值可从它们与 g 参数的关系曲线中查得，适用于海拔 5000m 及以下地区。

校正因数依赖于预放电型式，由此引入 g，即

$$g = U_B / 500L\delta K \tag{3-2}$$

式中 U_B——实际大气条件时的 50%破坏性放电电压值（测量或估计），kV；

L——试品最小放电路径，m；

δ——相对空气密度，取实际值；

K——参数，取实际值。

使用 g 参数法进行海拔校正，需要试验现场的实际大气条件以及在此条件下的 50%放电电压值，但它与试验采用的电极形状无关。

该方法存在的主要问题是，在计算中需要的数据，特别是实际大气条件时试品的 50%破坏性放电电压值和最小放电距离比较难以获得。另外，该方法只限于应用在海拔 2000m 及以下。

3.1.2 《绝缘配合 第2部分：应用指南》（IEC 60071—2—2018）中的校正方法

IEC 60071—2—2018 中给出了外绝缘耐受电压从标准气象条件校正直至 2000m 海拔时，大气校正因数 K_a 的计算公式为

$$K_a = e^{m\left(\frac{H}{8150}\right)} \tag{3-3}$$

式中 H——超过海平面的高度，m；

m——与电压类型和间隙结构有关的修正因子。雷电冲击耐受电压下 m 的取值为 1。操作冲击耐受电压下 m 的取值由曲线可以查到，该曲线表明，在相同的海拔高度下，耐受电压低（即间隙距离短），要求的海拔校正因数就比较大；反之，耐受电压高（即间隙距离长），要求的海拔校正因数比较小。

大气校正因数 K_a 只考虑了大气压力的影响。

从中国电科院已经开展的海拔校正试验研究结果中可以看出，该方法与试验结果也比较吻合，而且计算公式简单。但是该方法中指数 m 的确定是基于 IEC 60060—1 的一个关系式，该关系式仅是通过最高至海拔 2000m 的测量结果所获得的，故 IEC 60071—2 认为，在 IEC 60060—1 中已确定的外绝缘耐受电压大气校正的规则在海拔高于 2000m 时应慎用。

3.1.3 《绝缘配合　第2部分：使用导则》（GB/T 311.2—2013）中的校正方法

GB/T 311.2—2013 在主要技术内容上等效采用 IEC 60071—2—1996 的同时，认为“GB 311.1 对大气条件、海拔校正作了明确的规定”。GB 311.1—2012 中 3.3.2 节规定“对于海拔高于 1000m，但不超过 4000m 处的设备的外绝缘的绝缘强度应进行海拔修正，修正方法见附录 B”。附录 B 中给出了两种不同的海拔修正公式，采纳了 IEC 60071—2 的公式和曲线。

实践经验表明，气压随海拔呈指数下降，因此，外绝缘电气强度也随海拔呈指数下降，于是在确定设备外绝缘水平时，其海拔修正计算公式为

$$K_a = e^{q\frac{H}{8150}} \tag{3-4}$$

式中　H——设备安装地点的海拔，m；

q——对于雷电冲击耐受电压、空气间隙和清洁绝缘子的短时工频耐受电压 $q=1$；对于操作冲击耐受电压 q 按图 3-1 选取。

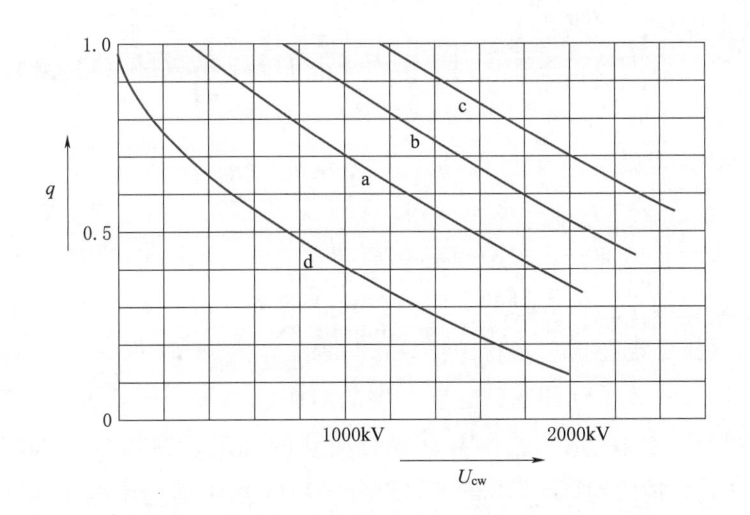

图 3-1　指数 q 与配合操作冲击耐受电压的关系

a—相对地绝缘；b—纵绝缘；c—相间绝缘；d—棒—板间隙（标准间隙）

此时，高海拔地区外绝缘的要求耐受电压按照同时乘以海拔修正因数 K_a 以及安全因数 K_s 来求得。

对于设备安装在海拔高于 1000m 时，在进行设备外绝缘耐受电压试验时，实际施加到设备外绝缘的耐受电压应根据标准绝缘水平进行海拔修正，其计算公式为

$$K_a = e^{q\left(\frac{H-1000}{8150}\right)} \tag{3-5}$$

式中 H——设备安装地点的海拔，m；

q——取值同式（3-4）。

GB/T 311.2—2013在主要技术内容上等效采用IEC 60071—2的同时，认为“GB 311.1—2012对大气条件、海拔校正作了明确的规定”，所以GB/T 311.2—2013“未采纳IEC相关内容”。

3.1.4 《交流电气装置的过电压保护和绝缘配合》（DL/T 620—1997）中的校正方法

DL/T 620—1997附录D给出的外绝缘放电电压气象条件校正方法，源于美国电机工程师协会的标准。根据该标准提供的方法，当外绝缘所在地区气象条件异于标准气象条件时，放电电压的校正公式为

$$u=\frac{\delta^n u_o}{H^n} \tag{3-6}$$

式中 u_o——标准大气压条件下的放电电压，kV；

u——实际放电电压，kV；

δ——相对空气密度；

H——空气湿度校正系数，对于操作冲击 $H=1+0.009(11-h)$，h为空气绝对湿度，g/m^3；

n——特性指数，对于正极性操作冲击 $n=1.12-0.12l_i$，空气间隙距离 l_i（m）适用于1～6m范围内。对于另外的 l_i，标准规定取 $n=1$。对于正极性雷电冲击，标准规定取 $n=1$。

该方法也比较简单，但提供的气象参数最高至3500m，使用公式时需要代入空气间隙距离，而这正是需要最后求得的结果；另外 l_i 大于6m时计算特性指数 n 的公式与实际不符，所以该方法使用起来也有一定的不便。

上述各种校正方法的适用范围对其都有明确的规定，例如IEC 60071—2只适用于2000m及以下海拔的地区，GB/T 16927.1—2011指出适用于海拔5000m及以下地区，GB 311.1—2012可用于海拔高于1000m但不超过4000m的地区，而在DL/T 620—1997中的气象校正方法中，只给出了海拔直至3500m的参数。在实际试验中发现，以上标准给出的校正方法均有其局限性或根本不适用。

3.2 不同海拔校正方法的比较

为分析现有海拔校正方法在海拔4300m及以上地区的适用性，将三种标准推荐的大气校正方法外推用于海拔4300m及以上地区，计算得到330kV导线—塔身空气

间隙的工频、操作冲击放电和雷电冲击放电电压的海拔校正系数，并与试验值进行比较。海拔校正系数试验值为低海拔地区的试验数据校正到标准气象条件后与海拔4300m及以上地区的试验数据的比值。

3.2.1 工频放电电压的海拔校正系数比较

不同海拔校正方法得到导线—塔身空气间隙工频放电电压的海拔校正系数见表3-1。不同校正方法的导线—塔身空气间隙工频放电电压的海拔校正系数曲线如图3-2所示。

表3-1 采用不同海拔校正方法时导线—塔身空气间隙工频放电电压的海拔校正系数

校正方法	GB/T 16927.1	IEC 60071—2	DL/T 620	试验值
海拔校正系数	1.61～1.30	1.69	1.78～1.61	1.31～1.50

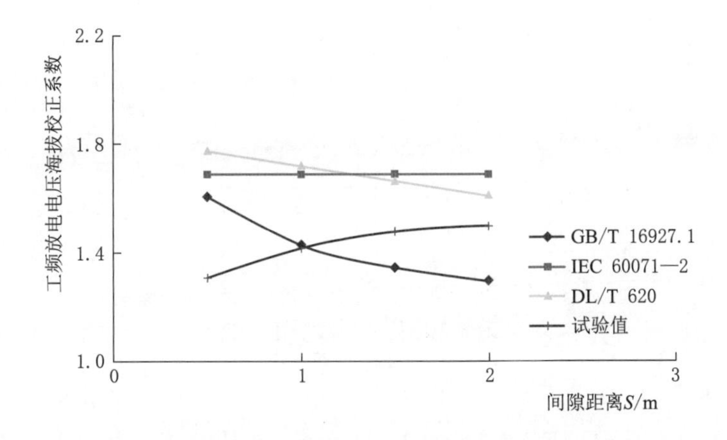

图3-2 不同校正方法的导线—塔身空气间隙工频放电电压的海拔校正系数

从表3-1和图3-2可看出：在海拔4300m地区，330kV输电线路塔头空气间隙工频电压试验值的海拔校正系数随间隙的增大而呈现增大趋势，且增大的速度逐渐变小。IEC 60071—2、DL/T 620推荐的方法校正结果略偏保守。以间隙距离1.1m为界，GB/T 16927.1推荐的方法校正结果由略为偏大过渡到略为偏小。

综合来看，对于海拔4300m地区的330kV输电线路，间隙距离为0.5～2m时，上述三种标准推荐的方法的校正结果与试验结果相差较大。因此，可认为在目前情况下对于高海拔长空气间隙工频放电电压的海拔校正，还是以采用相同结构尺寸和布置的试品在不同海拔地区进行实际放电试验，通过对比分析得出相应的海拔校正系数这种方法比较可靠。

3.2.2 操作冲击放电电压的海拔校正系数比较

不同海拔校正方法得到的导线—塔身空气间隙操作冲击放电电压的海拔校正系数见表 3-2。不同校正方法的导线—塔身空气间隙操作冲击放电电压的海拔校正系数曲线如图 3-3 所示。

表 3-2　不同海拔校正方法的导线—塔身空气间隙操作冲击放电电压的海拔校正系数

校正方法	GB/T 16927.1	IEC 60071—2	DL/T 620	试验值
海拔校正系数	1.51～1.35	1.62～1.50	1.57～1.39	1.88～1.45

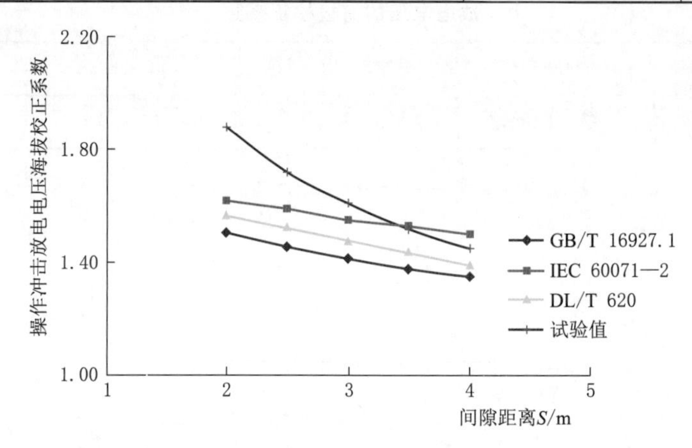

图 3-3　不同校正方法的导线—塔身空气间隙操作冲击放电电压的海拔校正系数

从表 3-2 和图 3-3 可看出：在间隙距离小于 2.8m 时，试验得到的海拔校正系数远大于 GB/T 16927.1、IEC 60071—2、DL/T 620 的校正系数；随着间隙距离的增大，试验值趋近于 IEC 60071—2 的校正系数。

综合来看，对于海拔 4300m 地区 330kV 导线—塔身空气间隙的操作冲击放电电压的海拔校正，间隙距离在 2.0～4.0m 时，上述三种标准推荐的方法的校正结果与试验结果相差较大。因此，可认为在目前情况下对于高海拔长空气间隙操作冲击放电电压的海拔校正，还是以采用相同结构尺寸和布置的试品在不同海拔地区进行实际操作冲击放电试验，通过对比分析得出相应的海拔校正系数这种方法比较可靠。

3.2.3 雷电冲击放电电压的海拔校正系数比较

不同海拔校正方法得到的导线—塔身空气间隙雷电冲击放电电压的海拔校正系数见表 3-3，不同校正方法的导线—塔身空气间隙雷电冲击放电电压的海拔校正系数曲线如图 3-4 所示。

表 3-3　　不同海拔校正方法得到的导线—塔身空气间隙雷电冲击放电电压的海拔校正系数

校正方法	GB/T 16927.1	IEC 60071—2	DL/T 620	试验值
海拔校正系数	1.62～1.64	1.69	1.66	1.68

从表 3-3 和图 3-4 可看出：由 GB/T 16927.1、DL/T 620 得出的海拔校正系数较试验值偏低，由 IEC 60071—2 得出的海拔校正系数与试验值最为接近，两者间差别小于 1%。

综合来看，GB/T 16927.1、IEC 60071—2、DL/T 620 的海拔校正方法与试验值整体差距较大，因此不适用于高海拔地区的系数校正。

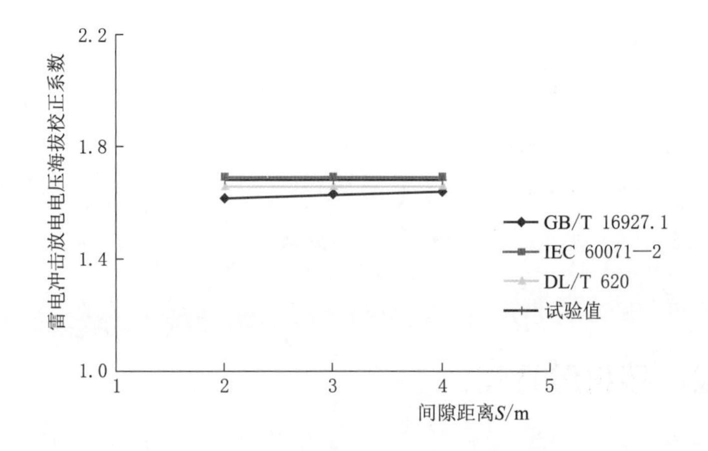

图 3-4　不同校正方法的导线—塔身空气间隙雷电冲击放电电压的海拔校正系数

第4章

高海拔污秽外绝缘

外绝缘污秽问题是影响高压输电工程建设和运行的重要技术问题。绝缘子作为广泛使用的输电设备，常年暴露在外界环境中，在交直流电场的作用下，空气中的悬浮颗粒物吸附在绝缘子表面。在一些特殊天气条件下，绝缘子串表面出现局部放电甚至闪络，严重影响电力系统运行的可靠性和电网运行的安全性。绝缘子污闪事故一旦发生常常会导致大面积停电，甚至导致局部或整个电网解列，给整个国民经济带来巨大的损失。在全球能源互联网建设过程中，部分超/特高压工程要经过高海拔地区，高海拔盐湖等重污染且具有特殊气候条件的地区对工程外绝缘提出了严峻考验。

4.1 高海拔污秽积污特性

4.1.1 高海拔污秽情况

据文献记载，1993年9月至1994年8月在五道梁采集的气溶胶样品表明，五道梁低层大气气溶胶基本上保持着自然大气的组成，以土壤尘为主，但受到轻微的污染，气溶胶浓度的季节变化和时间变化具有明显的荒漠地区特性。五道梁气溶胶主要有三个来源，即局地污染源、海洋源（海洋气溶胶）和地表土壤源（土壤尘）。

（1）局地污染源。经现场勘察调研，沿线除格尔木至南山上约30km由于受格尔木周围盐渍土粉尘及格尔木北部盐湖影响外，其余沿线基本无工业污染，无含盐量大的盐渍土，且沿线除个别兵站外几乎为无人区。以五道梁为例，五道梁有三个主要的污染排放源，分别为输油泵站的柴油发动机房，运输站和青藏公路上过往汽车排放的废气。通常采样点上测量到的污染尘浓度的变化与风向有关，当风从排放源直接吹向接收点，污染尘的浓度就高，反之则低或无。通过分析各污染源的影响大小，表明输油泵站发电机房和运输站是五道梁两个稳定的污染排放源，全年均对该地低层大气有影响。公路过往汽车排放的废气在运输繁忙的夏季、秋季也有一定的影响。由于采样点与三个主要污染源之间的距离都很近，当风从污染源吹向采样点时，测量到的污染元素的质量浓度基本上可反映污染源的排放强度。采样点上测量到的污染尘浓度及污染尘成分分析表明，除了五道梁本地稳定的污染排放源外，外部污染源的影响极小。事实上，类似于五道梁的污染源排放点，青藏公路沿线较少，且排放浓度很低。

（2）海洋气溶胶。高原上的海洋气溶胶源于孟加拉湾和阿拉伯海东北部，仅在夏季环流背景下随水汽输送同时进入高原，因此在雨季降水开始后才出现，随着雨季结束而消失，冬半年未发现。海洋气溶胶的浓度变化与雨季降水及其强度也有较好的相关性，在降水及其后增高，雨季期间长期无降水出现，海洋气溶胶的浓度极低甚至消失。

（3）土壤尘。土壤尘是五道梁气溶胶的主要成分。五道梁及其四周，尤其是其西的羌塘高原主体，为荒漠草原地区，全年均有沙尘天气出现。在距五道梁不远的高原北侧，从柴达木盆地、河西走廊、塔克拉玛干沙漠，直至中亚地区，是亚洲沙尘暴天气高频区，为全球大气尘埃主要策源地之一，处在这种自然地理环境下，五道梁四周均是土壤尘的源地，土壤尘可以来自每一个方向。在夏季、秋季，土壤尘主要来自高原地区。在春季，土壤尘可分为背景土壤尘和局地土壤尘。背景土壤尘来自极大的范围，包括高原地区和源于高原北侧我国西北的沙漠地区乃全中亚通过远程输送到五道梁的土壤尘。

1. 自然积污站设计

（1）±400kV 青藏直流输电线路绝缘子使用情况。根据资料分析，±400kV 青藏直流输电线路各型号绝缘子使用情况见表 4-1。

表 4-1　±400kV 青藏直流输电线路各型号绝缘子使用情况

序号	绝缘子型号	绝缘子分类	使用数量/串
1	CA-882EZ	瓷质	144
2	XZWP-300	瓷质	606
3	XZWP-160	瓷质	2
4	LG105/1750	瓷质	112
5	FXBZ-±400/160	合成	2888
6	FXBZ-±400/210	合成	448
7	FXBZ-±400/300	合成	64

（2）试验用绝缘子选择。在本次试验中，需要模拟±400kV 青藏直流输电线路正常运行时的积污特性，绝缘子的选择也以青藏直流输电线路在运绝缘子的情况来确定。因此，选用 FXBZ-±400/160 型绝缘子，同时选用 XP-070 型绝缘子为基准绝缘子，共选用两种绝缘子进行积污试验。

1）复合绝缘子。国内外一些研究单位对一定长度的绝缘子串在不同盐密下进行试验发现，绝缘子串的耐受电压与绝缘子串长度成正比，且证明了当绝缘子串长度达到8m时，这种线性关系仍然存在。±400kV青藏直流输电线路在运合成绝缘子为FXBZ-±400/160型，串长为8m，采用结构高度为柴拉直流用绝缘子串长的1/5的同伞形绝缘子，选择绝缘子结构高度约为1600mm，爬电距离为5600mm。

2）基准绝缘子。基准绝缘子采用XP-070型绝缘子，根据与FXBZ-±400/160型绝缘子结构高度一样选取绝缘子片数，其单片结构高度为146mm，爬电距离为295mm，因此选择11片绝缘子。其整体结构高度为1606mm，爬电距离为3245mm，爬电比距为40.56mm/kV，见表4-2。

表4-2　试验绝缘子尺寸

绝缘子型号	电　压	结构高度/m	爬电距离/mm
FXBZ-±400/160型绝缘子	+400kV	8	28000
试验用复合绝缘子	直流+80kV/交流80kV	1.6	5600
11片XP-070型绝缘子	直流+80kV/交流80kV	1.606	3245

（3）绝缘子悬挂方案。在变电站埋设4根水泥拔梢杆，用钢架将两个短边的拔梢杆连接起来形成两个门形架，在钢构架上悬挂绝缘子。每个门型架上5个挂点，最外侧两个挂点悬挂XP-070型绝缘子，按耐张串悬挂，分别接交流和直流电源。内侧两个挂点悬挂FXBZ-±400/160型绝缘子，按照V串悬挂，分别接交流和直流电源。中间挂点悬挂XP-070型绝缘子，按照Ⅰ串悬挂，整体挂法（图4-1）。

（4）试验方法。对交直流积污电源进行升压，交流电源升压到80kV，直流电源升压到+80kV，进行自然积污试验，在绝缘子悬挂前，将绝缘子擦拭干净，后每两个月采集一次样本并拷贝泄漏电流检测曲线，从中研究各绝缘子的积污特性并通过泄漏电流检测了解绝缘子积污特性在时间段上的变化情况。

2. 数据分析方法

（1）盐密测试。将变电站送来的污秽样本全部收集到烧杯中，并配置300mL水，进行充分搅拌，后将电导率仪探头插入烧杯中进行电导率测试。

电导率的校正公式为

$$\sigma_{20}=\sigma_{\theta}[1-b(\theta-20)] \tag{4-1}$$

式中　θ——溶液温度，℃；

σ_{θ}——在温度θ℃下的体积电导率，S/m；

σ_{20}——在温度20℃下的体积电导率，S/m。

$$b=-3.2\times10^{-8}\theta^{3}+1.032\times10^{5}\theta^{2}-8.272\times10^{-4}\theta+3.544\times10^{-2} \tag{4-2}$$

绝缘子表面等值盐密$ESDD$的计算公式为

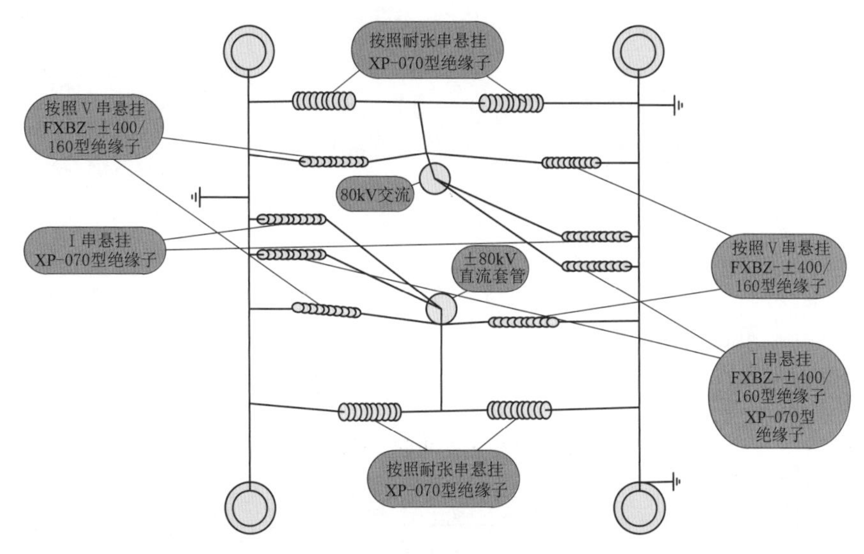

（a）悬挂方案

（b）积污站

图 4-1　交直流积污站

$$S_a = (5.7\sigma_{20})^{1.03} \tag{4-3}$$

$$ESDD = S_a \times \frac{V}{A} \tag{4-4}$$

式中　σ_{20}——在温度 20℃下的体积电导率，S/m；

$ESDD$——等值盐密，mg/cm^2；

V——蒸馏水的体积，cm^3；

A——绝缘子的绝缘体表面面积，cm^2。

（2）灰密测试。首先对过滤纸（1.6μm 级或更小）称重，然后对测量了等值盐密后的污水使用漏斗滤纸过滤（如时间过长，可采用真空过滤），再将过滤纸和残渣一起烘干，最后称重，然后进行计算

$$NSDD=1000\frac{W_f-W_i}{A} \tag{4-5}$$

式中 $NSDD$——非溶性沉积物密度，mg/cm²；

W_f——在干燥条件下含污秽过滤纸的重量，g；

W_i——在干燥条件下过滤纸自身的重量，g；

A——绝缘子表面面积，cm²。

(3) 数据分析。本次试验采用的绝缘子为唐山NGK生产的单片表面积为1400cm²的XP-070型瓷绝缘子和保定冀开生产的结构高度为1800m、大小伞组合表面积为803cm²的复合绝缘子，本次采集试验数据见表4-3。

表4-3 试品绝缘子盐灰密测试结果

电压	串型	绝缘子材质	表面积/cm²	$ESDD$/(mg/cm²)	$NSDD$/(mg/cm²)
直流	V串	复合	803	0.0062	0.0616
直流	I串	复合	803	0.0084	0.0374
直流	耐张	瓷	803	0.00645	0.0394
直流	I串	瓷	803	0.00397	0.0409
交流	V串	复合	1400	0.00465	0.0224
交流	I串	复合	1400	0.0083	0.0354
交流	耐张	瓷	1400	0.0060	0.0519
交流	I串	瓷	1400	0.0055	0.0421

4.1.2 高海拔绝缘子积污特性

1. 交直流积污特性比较

从表4-3中可以得出，交直流的盐灰密平均值见表4-4。

表4-4 交直流电压情况下盐灰密平均值

电压	$ESDD$/(mg/cm²)	$NSDD$/(mg/cm²)	盐灰密比 λ
直流	0.0063	0.0448	7.166
交流	0.0061	0.0379	6.207

从表4-4中可以看出，在高海拔地区，直流电压条件下的绝缘子盐密、灰密及盐灰密比均比交流电压高，这是由于直流有静电吸附效应，造成积污比较交流严重。但鉴于本次积污时间仅有3个月，因此交直流电压下的绝缘子积污特性的差异尚未完全体现，需长期跟进观测，研究长期情况下绝缘子在交直流电压下积污特性的差异。

2. 瓷与复合绝缘子积污特性比较

复合绝缘子与瓷绝缘子的积污特性差异一方面来源于伞形差异；另一方面来源于材料差异，通常进行比较的线路绝缘子是棒形悬式复合绝缘子和盘型悬式绝缘子。硅橡胶与瓷的材料差异影响绝缘子表面粘附污秽颗粒与接收降水清洗的能力，颗粒在表面的粘附是一个非常复杂的过程，与表面的粗糙度、硬度、润湿特性，颗粒的大小、形状、硬度等有很大关系，因而硅橡胶与瓷表面对颗粒有不同的粘附特性。

本次试验，瓷绝缘子悬挂为耐张串和Ⅰ串，复合绝缘子悬挂为V串和Ⅰ串，因此瓷绝缘子与复合绝缘子的积污特性比较只以Ⅰ串的测试结果进行比较。从表 4-3 中可以得出瓷绝缘子和复合绝缘子积污特性（表 4-5）。

表 4-5　　瓷绝缘子和复合绝缘子盐灰密平均值

绝缘子	*ESDD*/(mg/cm^2)	*NSDD*/(mg/cm^2)	盐灰密比 λ
复合	0.0084	0.0364	4.359
瓷	0.0047	0.0415	8.765

从表 4-5 中可以看出，在高海拔地区，复合绝缘子盐密较瓷绝缘子高，约为 1.8 倍。复合绝缘子灰密较瓷绝缘子低，约为 0.877 倍，复合绝缘子的盐灰密比瓷绝缘子的低，约为 0.497 倍。

3. 不同串型绝缘子积污特性比较

绝缘子的串型不同，主要影响了绝缘子的自清洁能力，绝缘子在户外使用时，风、雨、雪等都会对其产生作用，同时绝缘子的不同伞面也有其完全不同的积污和自清洗方式。

本次试验共悬挂了Ⅰ串、V串和耐张串三种串型，其中耐张串只悬挂了瓷绝缘子，V串只悬挂了复合绝缘子，因此本次不同串型比较在Ⅰ串与耐张串，Ⅰ串与V串之间进行。从表 4-3 可以得出不同串型下绝缘子积污特性（表 4-6）。

表 4-6　　不同串型绝缘子盐灰密平均值

串型	绝缘子	*ESDD*/(mg/cm^2)	*NSDD*/(mg/cm^2)	盐灰密比 λ
V串	复合	0.0054	0.0419	7.737
Ⅰ串	复合	0.0084	0.0364	4.360
耐张	瓷	0.0062	0.0457	7.333
Ⅰ串	瓷	0.0047	0.0415	8.765

交直流积污电源投入运行开始于 9 月初，此次采样于 12 月中旬进行，在此期间沱沱河地区已经进入下雪期，下雪后由于当地天气寒冷，雪很难融化，因此在此期间绝缘子的自清洁能力非常弱。

4.2 高海拔污秽外绝缘影响因素

4.2.1 沙尘对污秽外绝缘的影响

由于工业、农业、交通运输业及自然生态环境等在空气中产生大量的气相、液相和固体污秽物质。其中就包括沙尘、尘埃等不溶于水的固体，主要指从地面扬起的尘土以及农作物施加的化肥农药等，也包括在沙漠等特殊环境下的沙粒等，其主要污染程度取决于土壤或者沙粒的性质，特别是含盐量、可溶性与生成电解质的能力，风对土壤的侵蚀以及尘土在绝缘子表面的粘附能力等。

不同沙尘污秽量决定了绝缘子串的等效灰密，试验研究表明，不同灰密下的绝缘子串具有相同的污闪电压。

4.2.2 盐雾对污秽外绝缘的影响

青海海西地区的盐湖和晒盐场，地表扬尘中含盐量高，绝缘子积污过程快、污秽程度高，特别是晒盐场附近的绝缘子，因污秽程度高，蒸发受潮快，极易引发污闪事故，对盐湖地区运行的输变电设备的外绝缘造成了严重威胁。同时，西北地区凌晨4—8 时在高原的高山大岭两侧湿度很大，温度极低，常常伴有大雾天气，同时盐湖地区盐雾通过影响绝缘子串表面污秽，进而影响绝缘子闪络电压，国际国内缺乏关于高原盐湖地区极重污秽条件下的污秽特性及绝缘子积污特性的研究，造成在线路初期设计及后来事故分析时缺乏有效的试验数据支撑，对将来高原盐湖地区输电线路工程的设计、规划及建设和运行线路的事故分析和处理带来了极大的困难。青海公司针对以上问题开展了相关研究分析，通过现场实测发现处于盐湖地区的线路绝缘子经过多年的积污，其绝缘子污秽等级基本达到 e 级以上，盐湖周围输电线路的污秽等级也基本达到了 d 级，且越靠近盐湖污秽等级越高，察尔汗盐湖周边输电线路污染最为严重。高原盐湖地区存在大量污秽程度超过 $0.35mg/cm^2$ 的 e 级污区典型值（年度平均值最大为 $0.52mg/cm^2$，单片最大等值盐密 $0.911mg/cm^2$），属于极重污秽区，盐湖所带来的污染必然会导致输电线路绝缘子表面发生污闪的概率增加，成为输电线路稳定运行的隐患因素。

4.3 高海拔污闪特性

4.3.1 高海拔污闪原理

4.3.1.1 试验方案

研究先从简单三角模型入手，然后研究形状简单的空气动力型玻璃绝缘子，最后研究实际绝缘子表面的放电过程，具体研究内容如下：

（1）在高海拔条件下，利用三角平板模型，结合高速摄影、红外成像，完整记录电弧起始、发展、闪络的过程，并同步分析电压电流变化，从而研究气压对于高海拔条件下的放电机理。

（2）4300m海拔条件下，对简单形状的空气动力型玻璃绝缘子进行污闪机理研究，利用高速摄影仪和泄漏电流同步检测电弧发展过程，研究高海拔对于表面电弧发展的影响。

（3）4300m海拔条件下，对XZWP－300、XZP－210、XWP－070和XP－070型绝缘子进行机理研究，利用高速摄影仪，拍摄放电过程，研究高海拔交直流污闪放电过程，分析高海拔低气压条件对绝缘子污闪特性的影响。

本阶段试验采用国内外广泛使用的人工污秽试验的固体污层法，参考GB/T 16927.1和GB/T 4585.2。

固体污层法是先在绝缘子表面定量涂敷固体积污层，积污中既包含可溶于水的导电成分，又包含不溶于水的物质，以此来模拟工业排放固体烟尘及扬尘在绝缘子上积聚的污秽物。本试验用NaCl来模拟导电物，用高岭土来模拟惰性物质。考虑到灰密对于污闪电压的影响较小，因此在研究高海拔条件下污闪放电过程时采用固定的灰密，取为$1mg/cm^2$。

考虑到本试验的主要目的是研究污秽表面的放电过程，因此能够清楚地拍摄到局部电弧的起始和发展至关重要，因此在受潮方式和升压方法的选择上需要考虑高速拍摄的需要，虽然和实际运行情况有一定的差别，但是放电的机理是一样的，因此采用如下处理：

受潮方式采用喷水受潮的方法，即在加压之前，向试品喷洒纯净水至污层饱和受潮——试品表面即将有水珠滴下时刻。选择这种受潮方式，是因为操作简单，受潮均匀，并且由于不用起雾，便于高速拍摄电弧发展过程。

升压方式采用升压法：待试品充分受潮后，开始加压，并以一定速度升高电压，直至试品发生闪络。利用泄漏电流测试软件记录过程中电流、电压变化情况。

观测方法主要包括以下四个方面：①高速摄影仪的布置；②拍摄速度选择；③同步拍摄问题的解决；④拍摄结果的处理方法。

因为要捕捉电弧发展，故高速摄影仪设备为结束触发模式，即摄影仪收到触发信号后，停止拍摄，记录到触发时刻之前3～6s的影响。

为了能够解决泄漏电流与高速摄影仪拍摄的同步问题，特别改进了之前的泄漏电流测试系统，再添加一个触发软件。其同步原理如图4－2所示。触发方式分为手动和自动两种。自动模式用于拍摄闪络时的电弧：闪络时电流较大，当测量电流超过给定阈值，例如2A时触发高速摄影仪，并且电脑记录发出触发时的时间，则拍摄结束

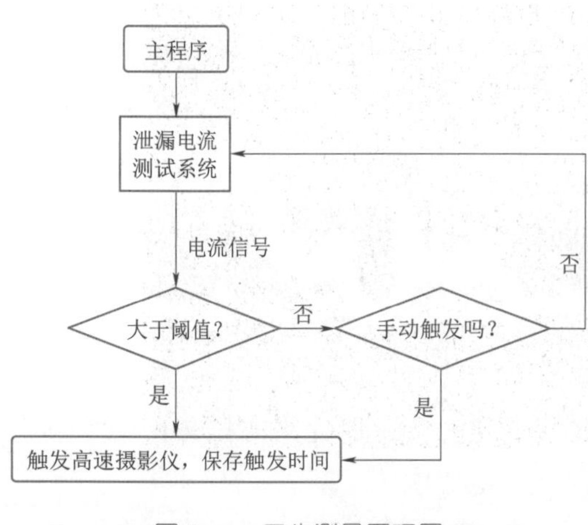

图4-2　同步测量原理图

的时刻即为电脑上记录的时间，与泄漏电流的时间可以同步；手动模式用于拍摄小电弧，由于电弧电流较小，容易误触发，所以可以采用收到触发的方式，当观察到电弧后，点击触发按钮，即可以触发高速摄影仪。

最后是测量结果的处理方法，电弧飘起测量示意如图4-3所示。这里主要处理三角模型试验的结果。为了探索影响电弧的起始、发展和运动的影响因素，主要测量电弧包括的量为：LAD，试验模型的泄漏距离；LBD，*主电弧距离[1]，其中B点为主电弧前端位置；LCF，主电弧最高点的高度。

图4-3　电弧飘起测量示意图

测量方法如图4-4所示，将电弧路径拆分成N段，每段采用直线近似代替。N的大小根据实际情况选择，电弧弧度较大的地方相应分段更细。记录下每段直线两端点的坐标为$(x_1,y_1),(x_2,y_2),\cdots,(x_i,y_i),\cdots,(x_N,y_N)$。其中已知电极之间的距离为$L$，则电弧长度为

$$L_{arc}=\frac{\sum_{i=1}^{N-1}\sqrt{(x_{i+1}-x_i)^2+(y_{i+1}-y_i)^2}}{\sqrt{(x_N-x_1)^2+(y_N-y_1)^2}}\cdot L \tag{4-6}$$

这样得到电弧长度与真实值之间会有一定的误差，但是只要分段数目足够多，误

[1] 由于在电弧发展过程中，可能会有分段电弧出现，为了便于比较，特定义从高压端触发，连续的电弧为主电弧。关于电弧运动的分析主要是基于主电弧的运动。

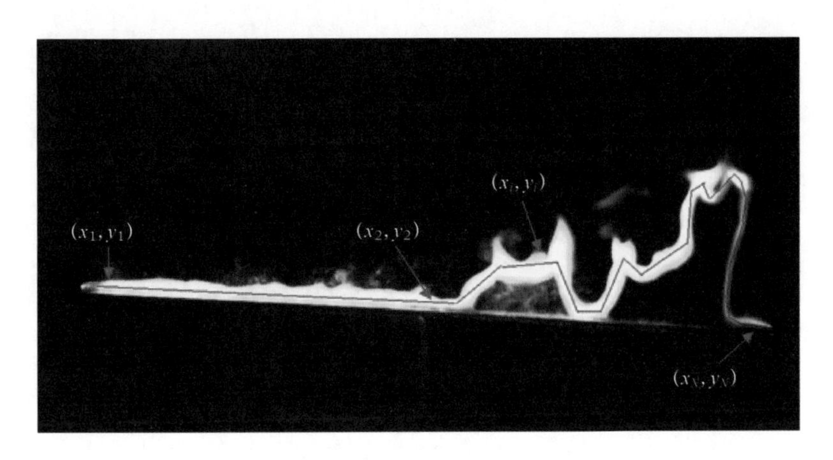

图 4-4　电弧长度测量方法

差是可以控制在一定范围内的，并且由于电弧长度较长，试验中采用的三角模型的泄漏距离（即两电极之间的距离为 87cm），电弧长度的相对误差较小，对于计算电弧电场的影响较小。

4.3.1.2　高海拔条件下模型表面放电过程

1. 气压对局部电弧特性的影响

研究污闪关注的重点是在局部电弧发展过程中电弧的特性，此时电弧电流较小，一般小于 1A，电弧温度也相应较低。由于电弧是动态发展的，所以没有办法获得局部电弧两端的电压，因而可以通过间接的方法得到不同海拔条件下局部电弧发展时的特性，从而探索污闪电压下降的原因。

电弧发展的长度与所加电压、电流有关，下面分析气压对于局部电弧发展的影响。

分析对象的试验条件为：$ESDD$ ∶ $NSDD$ = 0.05mg/cm² ∶ 1.0mg/cm²，试验地点分别为北京和西藏。

图 4-5 给出了北京平板模型的加压闪络过程，闪络之前不同时刻电流大小和对应电弧距离之间的关系。其中电压电流取峰值，电弧距离取电流峰值时刻对应的弧根之间的距离。可以看到随着电压升高，电弧距离逐渐增大，电流也随着逐渐增大，当由于电弧飘起而导致长电弧无法维持，电弧重新发展时电流也会相应减小。电弧随着电流的增大发展速度越来越快，闪络时刻电弧迅速发展贯穿两极。低气压下局部电弧的发展过程类似，对比结果如图 4-6、图 4-7 所示。

图 4-6 为两种气压下，相同盐密情况下升压过程中泄漏电流与电弧长度的关系。由于是在逐渐升压过程中的电弧发展情况，因此电弧距离、电流、电压均处于临界位置，即电流、电压为维持特定弧长所需的最小电流、电压。图 4-7 反映同次试验条件下电压与局部电弧距离的关系，图中曲线为平滑平均后的结果。两幅图中红色为北

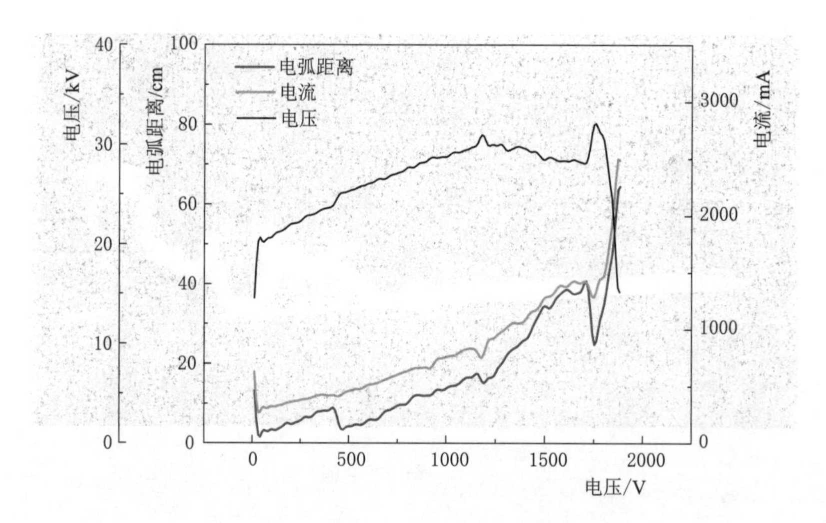

图 4-5　北京升压过程中局部电弧的发展与电压电流关系

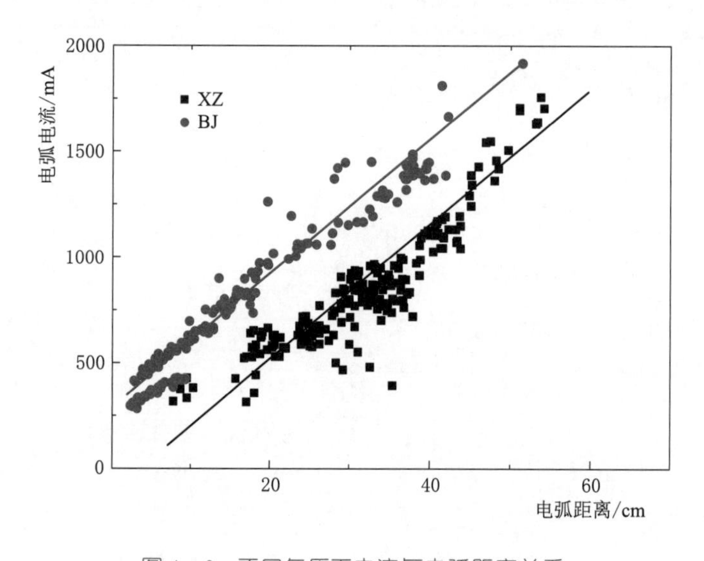

图 4-6　不同气压下电流与电弧距离关系

京的数据，黑色为西藏高海拔试验结果。

由此可见，弧长越长，维持电弧所需的电流越大，但是电压与弧长并不是单调关系：电弧距离较小时，电压随着电弧距离的增长而增大，电弧距离较长时，电压反而开始下降，即电压有最大值。并且对于不同海拔条件下，维持特定弧长，低海拔条件下所需的电压较低，电流也相应较小。这一点与之前的污闪理论规律相符，即

$$I_{cx}=\left[\frac{nxA}{R(x)}\right]^{\frac{1}{n+1}} \tag{4-7}$$

$$U_{cx}=\left(1+\frac{1}{n}\right)(nxA)^{\frac{1}{n+1}}R(x)^{\frac{n}{n+1}} \tag{4-8}$$

式中 x——电弧距离；

A、n——电弧常数；

$R(x)$——剩余污层电阻；

U_{cx}、I_{cx}——维持电弧所需的最小电压和电流。

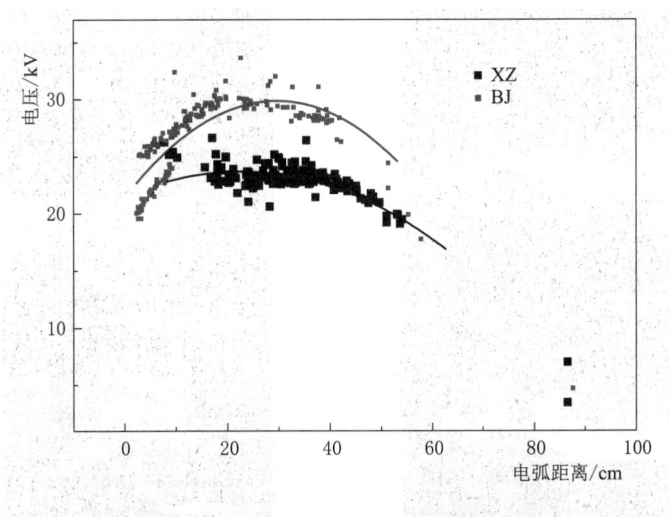

图 4-7 不同气压下电压与电弧距离之间关系

根据式（4-7）和式（4-8），当由于海拔升高导致电弧伏安特性下降，A 减小时，对应的 U_{cx} 和 I_{cx} 都随之减小。因此，在高海拔条件下，维持相同电弧长度所需的电压较小，因此污闪电压也相应下降。

2. 气压对电弧运动特性的影响

电弧在发展过程中在热浮力的作用下会发生电弧飘起，如图 4-8 所示。试验中会发现明显有两种情况：①两段电弧，中部离开表面发生飘起，如图 4-9（a）所示；②电弧端部离开污层表面发生飘起，如图 4-9（b）所示。可以看到，电弧在热浮力的作用下向上飘起，但是污层表面好像对于电弧有吸引作用，分析电弧飘离污层表面的原因如下：从绝缘表面流入的电流变小，导致电弧通道的飘起，如图 4-8 所示。虚线部分，代表从污层流入电流进入电弧通道。随着电弧电流增大，电弧通道导电性增强，要远好于污层表面的导电性，因而中部进入电弧的电流 I 逐渐减小，那么电弧与污层接触表面温度开始降低，曾经还是导电通道的电弧温度变低，导电性减弱，最终导电通道消失，电弧离开污层表面，如图 4-8 所示。高速拍摄照片如图 4-9（a）

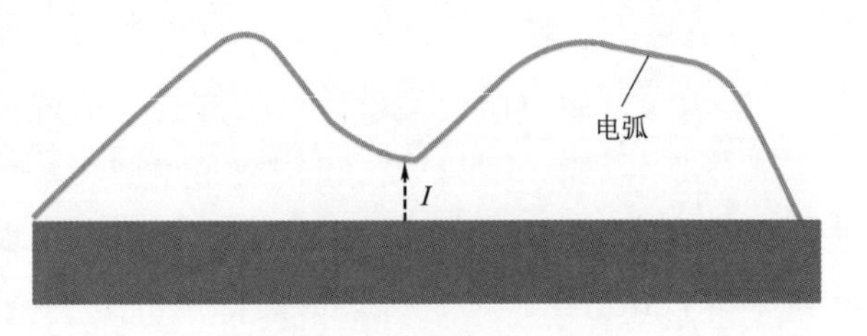

图 4-8 电弧飘起示意图

所示，两幅间隔40ms。从红色圈代表区域可以明显观察到污层与弧柱之间的电流通道。续流两边的电弧已经飘起较高了，随着电弧电流的增大，电弧温度升高，电导增大，从污层进入弧柱的电流减小，电弧飘离污层表面，如图4-9（a）所示。端部飘起与中部飘起类似，同样可以观察到端部分叉电弧的熄灭过程，如图4-9（b）所示。

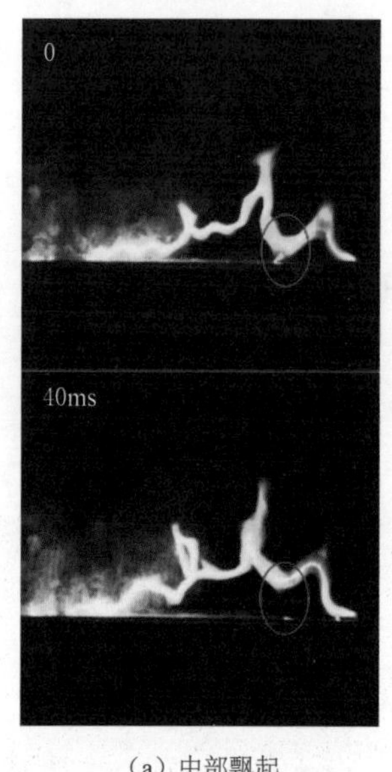

（a）中部飘起

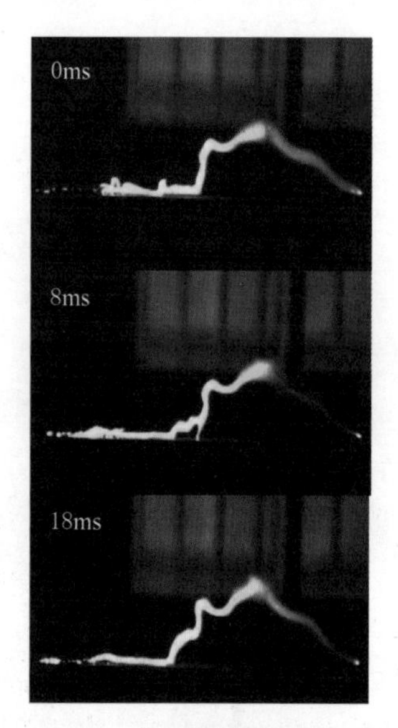

（b）端部飘起

图4-9　电弧飘起照片

因此，电弧在空气中飘起主要是热浮力作用的结果，而能够飘离污层表面主要和电弧的伏安特性有关，电流越大，电弧伏安特性越低则越容易飘离污层表面，而持续时间越长，则电弧飘起的越高。

试验发现，局部电弧在向前发展过程中，中部会发生飘起，电弧被拉长，以致电弧无法维持，而熄灭（电流会减小）或者被高度较低的电弧取代（电流不会有明显减小），如图4-10所示为一次西藏电弧发展直至熄灭的情况，对应高速摄影照片如图4-11所示。其中电阻使用电压峰值除以电流峰值得到。

结合图4-10和图4-11可以分析电弧发展的过程为：500～600ms电弧距离增加较快，电流增加较快，电阻也相应下降较快；600～800ms电弧距离增加缓慢，但是电弧高度上升加快，电流则基本保持不变，有微弱下降趋势，电阻也基本保持不变；800～900ms电弧无法维持被位置低的电弧取代，电弧长度缩短，电流减小，电阻增大；900～1000ms电弧又开始飘起。

这说明电弧的飘起对于电流的影响较小，而对电流影响较大的是电弧距离的变化，进而可以推论电弧的飘起对于污闪电压的影响应该比较小，但是如果由于电弧的飘起而导致电弧弧根的突然变化，则对污闪电压的影响就应该较大了，例如在悬式绝

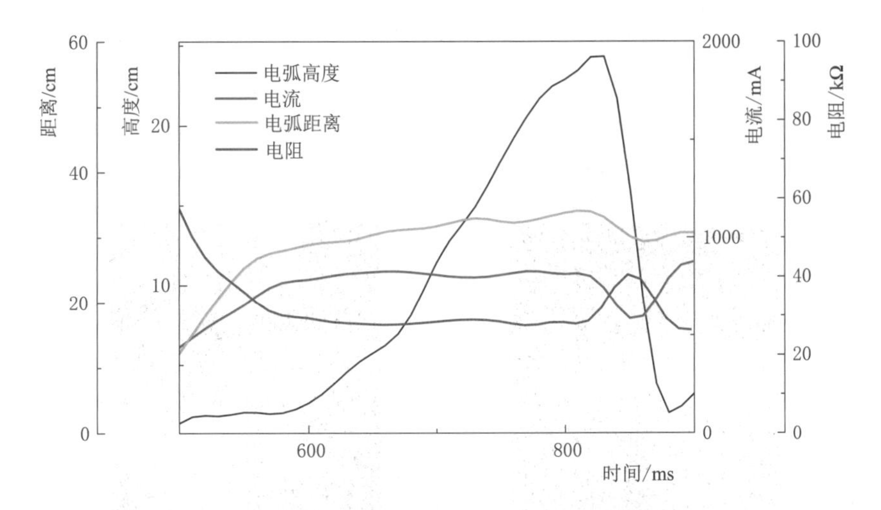

图 4-10 西藏典型电弧发展过程

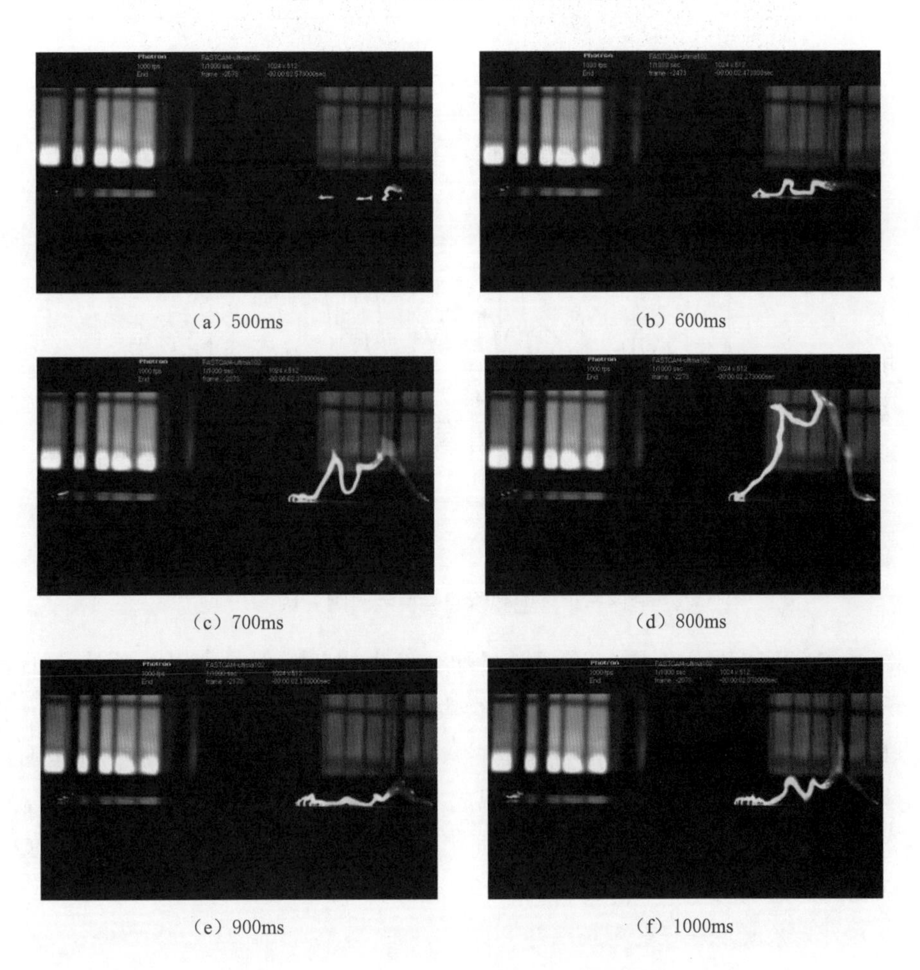

（a）500ms （b）600ms

（c）700ms （d）800ms

（e）900ms （f）1000ms

图 4-11 西藏局部电弧发展高速摄影图片

缘子局部电弧发展过程中可能发生电弧直接从一片绝缘子跳到另一片绝缘子的情况，在后文中将会看到这种情况。

假设电弧的飘起为加速上升的过程，那么电弧高度应该满足二次函数，如图4-12所示绿色的线为采用二次函数拟合后的结果（表4-7）。两次拟合的加速度项 a 值非常接近，且 R 的值与1很接近，说明拟合是符合实际的，说明电弧受到了不平衡力的作用，热浮力在电弧的飘起过程中起了较大的作用。但是由于电弧在飘起的过程中，极易受到外界环境例如风的影响，因而会表现出阶段上升的效果。

$$H = c + bt + at^2 \tag{4-9}$$

表4-7　　高度随时间拟合结果

a	b	c	R
0.03069	−1.51002	19.64675	0.9971
0.02989	−3.12827	83.26416	0.98673

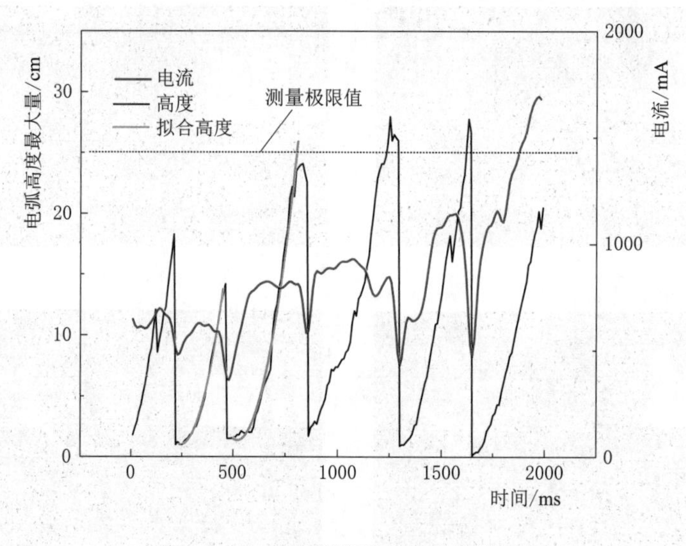

图4-12　电弧飘起高度与时间关系

从图4-13可以看到不同气压下电弧均会发生飘起，但是离开绝缘表面的条件却不同，低气压下表面电弧更容易离开绝缘表面，如图4-13红色曲线所示，在0～1000ms时，电弧有较大部分是没有飘起的，只有电流增大到一定程度时电弧才开始飘离。从电弧飘起条件可知，电弧是否飘起与电弧伏安特性以及污秽表面情况有关，低海拔条件下，电流不太容易从表面流向弧柱，因而与污层表面接触时温度下降很快，容易脱离污层表面。

3. 气压对电弧伏安特性的影响

局部电弧产生时，污层表面是电弧与剩余污层电阻串联，电极两端的电压电流并不能反映局部电弧的状态，因此这里在研究电弧伏安特性时，选择闪络瞬间，电弧贯

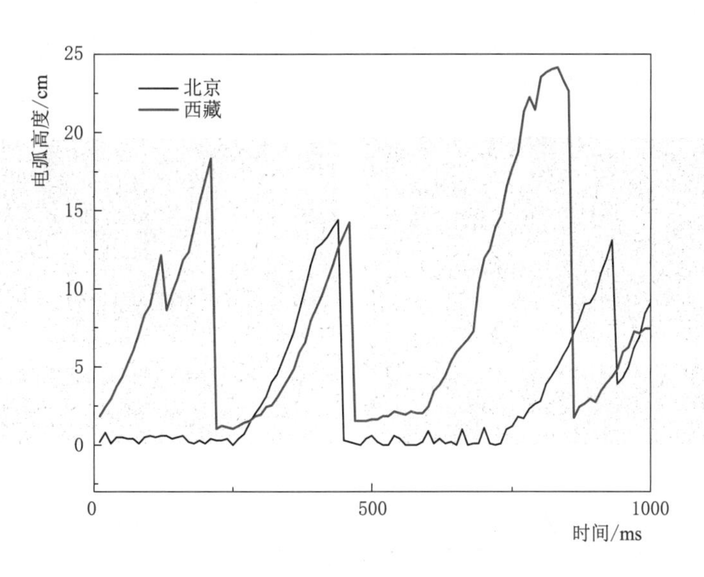

图 4-13　气压对电弧飘起的影响

穿两极后的电弧作为分析对象。由于泄漏电流测量系统的测量范围最大为5A，而试验中发现直流击穿时，电流很大，超过测量量程，因此无法得到直流电弧的伏安特性，所以下面的分析主要是基于交流情况。

刚发生击穿时，电弧还不稳定，电弧温度不高，并没有达到稳定状态，电流逐渐增大，如图 4-14 所示，试验条件为 $ESDD$ ：$NSDD$=0.02mg/cm^2 ：1.0mg/cm^2。

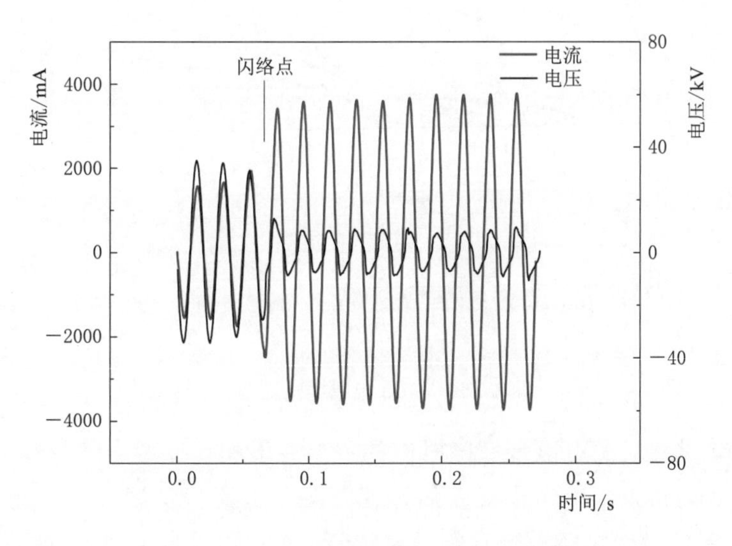

图 4-14　三角模型闪络前后电压电流波形

图 4-14 所示为三角模型加压闪络时刻的电压电流波形。由于采用高速摄影仪同步拍摄电弧的发展过程，故可以通过观察高速拍摄的图像得到电弧贯穿时刻，如图 4-14 中标注位置。高速摄影结果如图 4-15 所示，相邻两幅之间间隔为 6ms。其中

第二幅为闪络时刻，可以看到电弧贯穿两极，如图中白色圈所示区域，在第一幅时刻可以看到电弧并没有相接，而第二幅图就可以看到电弧短接了。

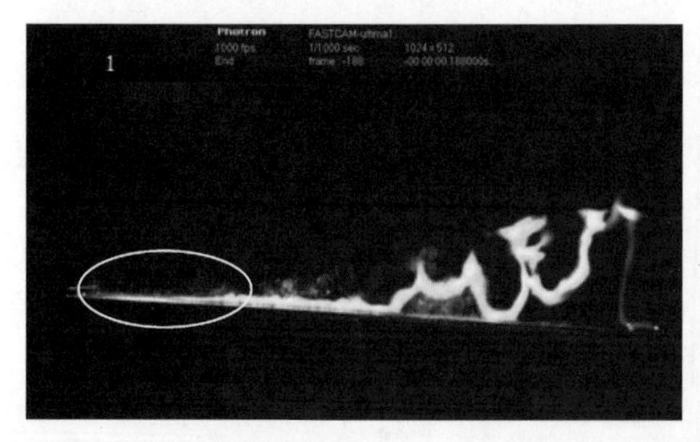

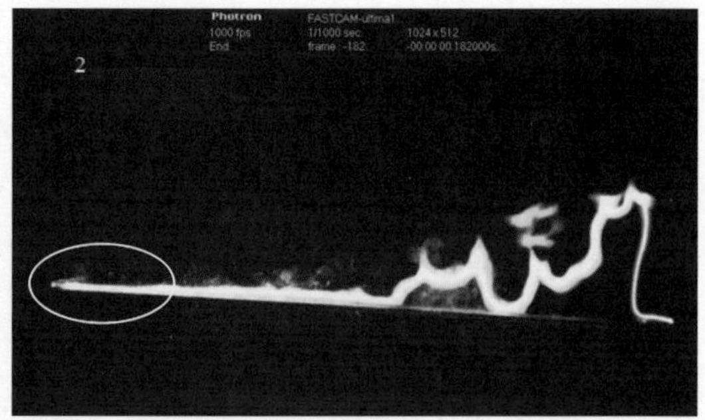

图 4－15　闪络时刻高速拍摄图像

由于电弧贯穿闪络后，电源保护跳闸动作的延时，在闪络后一段时间内电源保护还没有动作，电弧得以继续维持，则此段时间内测量得到的电压即为电弧两端的电压，电流即为电弧中流过的电流。那么就可以得到三角模型击穿后电弧的伏安特性（图 4－16），其中黑色点线表明了时间流向。

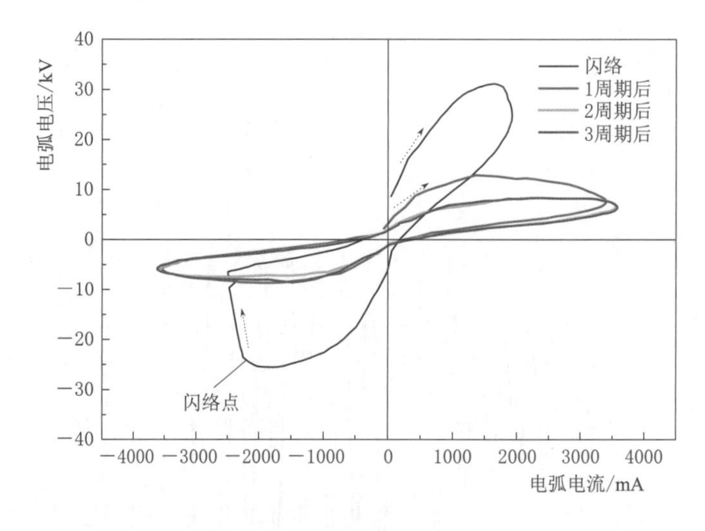

图 4－16　电弧电压与电流关系

可以看到，贯穿后的电弧特性随时间的关系并不相同。图中黑色线表示闪络前后一个周波情况。闪络点后电弧伏安曲线迅速下降，电流从负半周进入正半周如图 4－16 中红色线所示，虽然弧柱电阻要比击穿前低很多（电流增大时，红线斜率小于黑线斜率），但是仍然比第二个周期即绿线要高，说明虽然电弧通道已经形成，但是导电性并没有达到稳定，也就是说电弧通道的导电能力是随时间变化的。由图 4－16 可以看出，击穿 2 个周波后电弧特性进入稳定状态，第二个周波和第三个周波的伏安曲线基本重合了。因此，在下文中分析电弧伏安特性时，需要等待电弧稳定，但并不是等待时间越长越好，因为电弧在贯穿后，电弧会发生运动，向上飘起，并且飘起高度越高飘起速度越快，因此选择击穿后第三个周波作为分析对象。

同时，电弧的伏安特性和电弧的长度关系密切，考虑到击穿后电弧的运动，电弧长度不定，因此单纯地用电弧两段的电压和流过的电流来描述电弧是不准确的，故这里采用基于图像测量的方法得到击穿后各个时刻电弧的长度。

通过上述方法可以得到对应的闪络后各个时刻的电弧长度，但是因为电流较小时电弧较暗，边界不好区分，因此选择测量峰值时刻的电弧长度，如图 4－17 和表 4－8 所示。

表 4－8　　电流峰值时刻电弧长度

时间/ms	图片序号	电弧长度/cm
0①	181②	120.7
10	171	123.2
20	161	125.0
30	151	126.7
40	141	128.6
50	131	130.1

① 对应为击穿发生后电流第一次达到正的最大值时刻。

② 为高速摄影的拍摄序号，拍摄速度为 1000fps，故 10ms 时间将会拍摄 10 张，并且拍摄序号为从大到小。

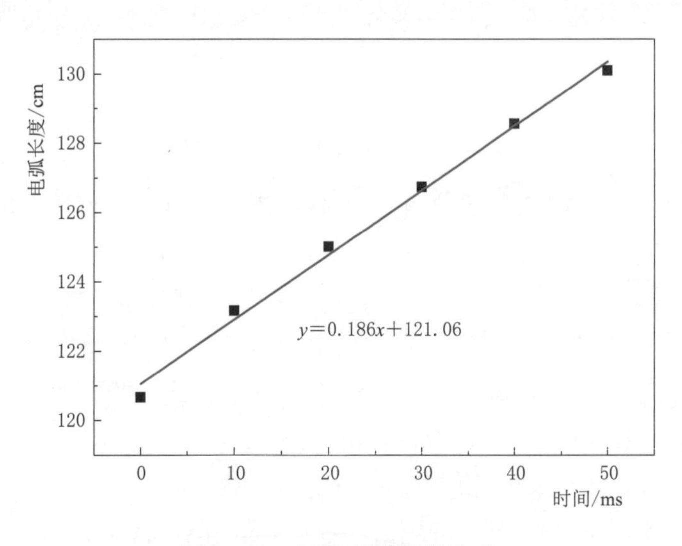

图 4－17　电弧长度随时间变化

根据表 4－8 可以画出电弧长度随时间的变化曲线，如图 4－17 所示。可以看到，电弧在飘起过程中，在一定条件下，电弧长度随着时间线性增大，故虽然只测量了电流峰值时刻电弧的长度，其他时刻对应的电弧长度可以通过线性插值的方法得到。这里之所以强调一定条件下是因为电弧在向上飘起的过程中，会发生电弧之间的空气间隙击穿，电弧长度发生突然变化，具体分析见下文中电弧运动分析部分（在插值的时候，只能得到内部插值点，向两端外延是不准确的）。

假设电弧通道沿长度方向电场均匀分布，则在得出电弧长度后，可以求得电弧弧柱通道内的电场强度为

$$E=\frac{V}{L_{arc}} \tag{4-10}$$

故采用上述方法可以计算得到闪络后的电弧电场强度，如图 4－18 所示。从电场角度也可以看到，闪络后第一个周波电场较高，E—I 曲线要高于后面两个周期，说明交流电弧的稳定状态对于电弧伏安特性有较大的影响。

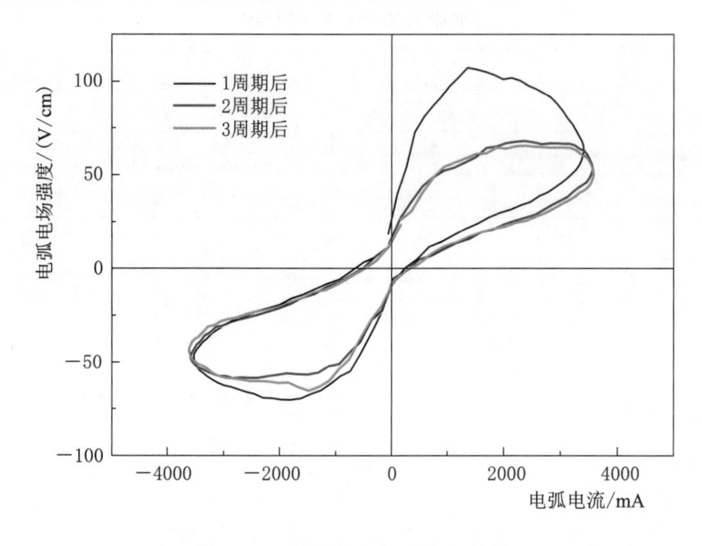

图 4－18　闪络后电弧伏安曲线

为了研究不同海拔条件下，污闪电压下降的原因。对于电弧伏安特性的测量分别在北京和西藏进行。不同海拔条件下测量的结果如图 4－19 所示。

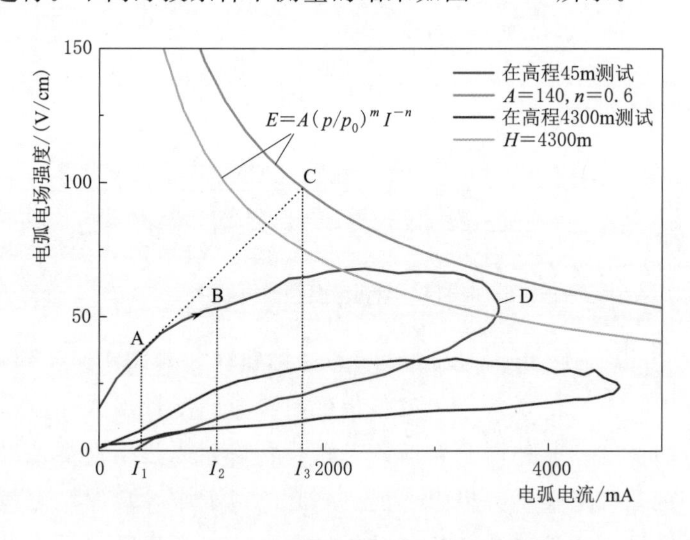

图 4－19　不同海拔条件下电弧伏安特性

图 4-19 中红色线为北京测量得到的交流电弧正半周电场强度与电流关系曲线，蓝色为西藏测量得到的数据。图 4-19 中下降的伏安曲线为文献中测得的电弧伏安曲线

$$E=A\left(\frac{p}{p_0}\right)^m I^{-n} \tag{4-11}$$

式中 $A=140$，$n=0.6$，$m=0.5$。

从图 4-19 中可以看到动态伏安曲线与静态伏安曲线有很大的差别，其原因在于交流电弧具有较大的相对热惯性，即电弧的温度变化滞后于电流的变化。相对热惯性越大，滞后的越严重。直流情况下，电流变化缓慢，电弧温度跟随电流变化，电弧处于稳定状态，因此随着电流的增大，电弧温度升高，电弧电导率增大，电阻减小，电场减小，表现为下降的伏安特性。但是对于交流电弧而言，电流从 I_1 增大到 I_2，温度并不会立即升高，电弧导电性增加不多，B 点基本保持了与 A 点相当的导电能力，因而电场强度增大，表现为上升的伏安特性。同时，在电流过零增大过程中，由于热惯性，前一个周期电弧通道温度并没有降低到恢复绝缘能力，因而通道还具有一定的导电能力，小电流时的导电能力比同电流下直流电弧的导电能力要好，例如图中的 A 点，A 点的导电能力与直流情况下电流为 I_3 时刻的 C 点导电能力相当。这说明前一周期电弧的加热作用对于下一周期电弧的导电能力有很大的影响。

实际上，这里试验得到的是一个周期内电弧的伏安特性曲线，是随着时间变化的，而文献中测量得到的实际是电弧的静态伏安特性，把周期中电流的最大值作为电弧电流，最大电流对应的电压作为电弧电压，即为图中的 D 点，通过改变电弧电流，得到一系列的 D 点，然后将这些点连起来得到一条下降的伏安特性曲线，即静态伏安特性曲线，也可以说是直流伏安特性曲线。从上文分析可以看到，虽然电弧达到某一长度，但是电弧电阻却是随时间变化的，因此不同的研究者在测量静态伏安特性曲线时因为试验方法的不同而造成测量有很大的差别，得到的电弧特性常数 A 的取值为 63～376。

对比高低海拔条件下的动态伏安特性曲线，可以看到低海拔条件下，动态伏安特性曲线仍然高于高海拔条件下的，表现为电流从过零增大过程中，电弧温度上升较慢，导电性增加较慢，电场增大较快；而低海拔条件下电弧温度上升较快，导电性增加较快，电场增加较平缓。

目前在对污闪条件进行分析时，使用的均是电弧的静态伏安曲线，没有考虑电弧的时变特征。从上面的分析可以看到：电弧特性是时变的，一个周期的不同时刻，电弧表现出的导电性是不同的，因此造成了实际污闪电压和理论计算差异较大。

故分析高低海拔条件下交流电弧的伏安曲线，可以得到以下结论：

(1) 相同电流下，低海拔条件下电弧的电场比高海拔的电弧电场要高，即随着海

拔升高动态伏安特性下降。其原因在于海拔升高，空气密度降低空气的导热性变差，散热变差，电弧温度较高，电弧导电性增强。

（2）动态伏安特性曲线与静态直流伏安特性曲线差别较大，分析交流污闪条件下闪络时，电弧特性应该采用动态伏安特性曲线。

4.3.1.3 高海拔条件下绝缘子表面放电过程

1. 气压对电弧发展的影响

为了研究气压对于绝缘子表面局部电弧发展的影响，特在形状较为简单的空气动力型玻璃绝缘子上做试验。同时考虑到电弧发展的随机性，有可能在拍摄范围的背面发展，那么就无法看清楚电弧发展的情况，因此在涂污方法上做了一些改进。如图4-20所示，涂污时只涂绝缘子1/6区域，所有涂污区域偏向一个方向，并且垂直于拍摄方向，这样就可以清楚地看到电弧的起始、发展和闪络。图4-21给出了平板玻璃绝缘子在西藏低气压条件下局部电弧发展至闪络过程中的电压电流情况。图4-22给出了同样的配置试验在北京低海拔条件下的情况。

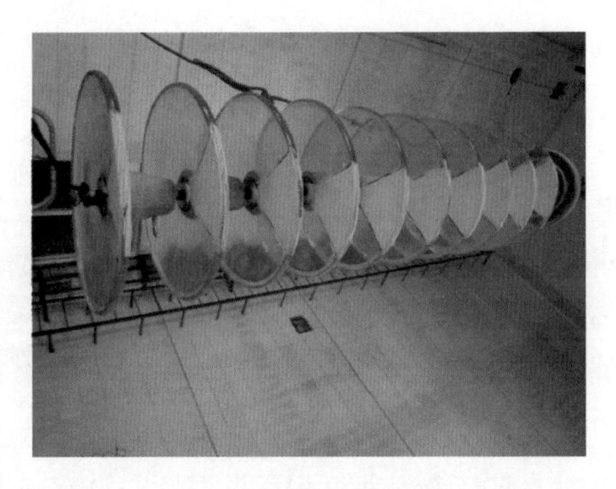

图4-20 1/6模型平板玻璃涂污后效果

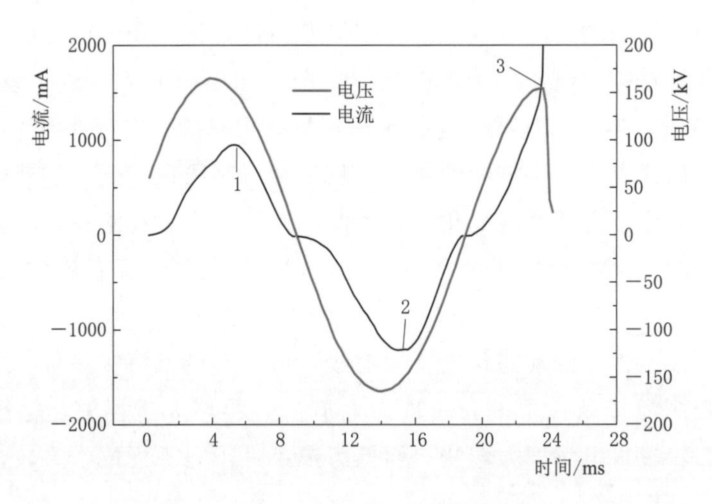

图4-21 西藏平板玻璃绝缘子闪络前电压电流波形

2. 气压对电流脉冲的影响

受潮绝缘子在升压过程中，会有干区的产生，则在干区就会发生电场集中，从而产生局部电弧。在电流上就会表现出脉冲的出现。随着电压的逐渐升高，局部电弧逐渐增长，电流脉冲幅值增大，但是由于气压对于局部电弧伏安特性有影响，因而气压

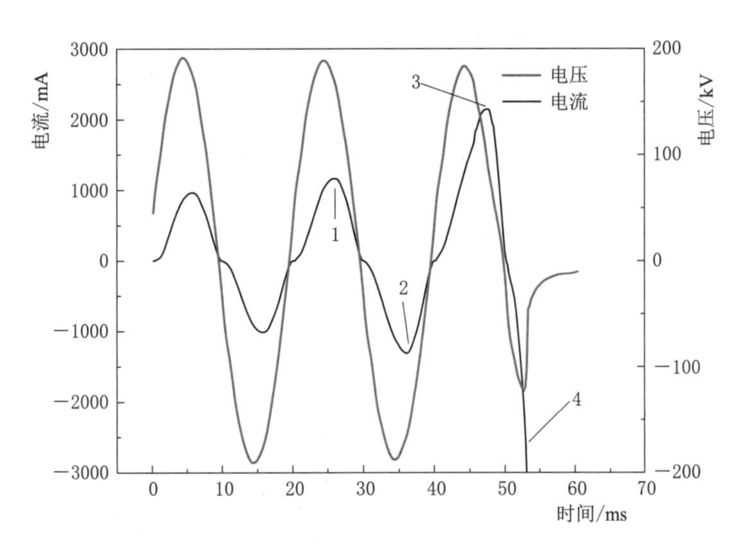

图 4-22　北京平板玻璃绝缘子闪络前电压电流波形

对于电流脉冲出现的条件以及幅值均有影响。下面将分析空气动力型玻璃绝缘子在交直流情况下，气压对于电流脉冲幅值以及对应电压的影响。试验中污秽度为 $ESDD$ ∶ $NSDD$＝0.2mg/cm^2 ∶ 1.0mg/cm^2。

在分析时，取一次电流脉冲中的最大值作为此次电流脉冲的幅值，直流为瞬时值，交流为峰值；电压为脉冲开始之前的电压最大值，直流为瞬时值，交流为峰值。

分析结果如图 4-23 和图 4-24 所示，其中实线为一次试验升压过程中电流脉冲与电压的关系，图中的点表示多次试验得到的结果，经分析发现：

(1) 对于交流和直流，一次升压闪络过程中，电流脉冲随着电压的升高而逐渐增大，开始电流增加较慢，临闪之前电流增加较快，因此电流—电压曲线为凸曲线，电压随着电流的增大有饱和趋势。

(2) 多次试验时，脉冲电流—电压关系具有较大的分散性，受到表面受潮情况的影响。

(3) 电压相同时，高海拔条件下电流脉冲的幅值高于低海拔条件下电流脉冲的幅值。

3. 不同伞形放电过程比较

为了研究高海拔条件下，不同伞形绝缘子污闪电压下降的原因。在西藏高海拔地区拍摄了 4 种常用交直流绝缘子染污放电过程。4 种绝缘子的污秽程度相同，均为 $ESDD$ ∶ $NSDD$＝0.05mg/cm^2 ∶ 1.0mg/cm^2，拍摄速度采用 1000 帧/s，结论如下：

首先是直流情况，绝缘子型号为 XZWP-300 型和 XZP-210 型。虽然双伞形绝缘子伞间距要大于钟罩形绝缘子，但双伞形绝缘子泄漏电流大，闪络前电弧较长，飘弧较为严重；钟罩形绝缘子由于下表面泄漏距离较长，阻碍了下表面电弧的发展，因

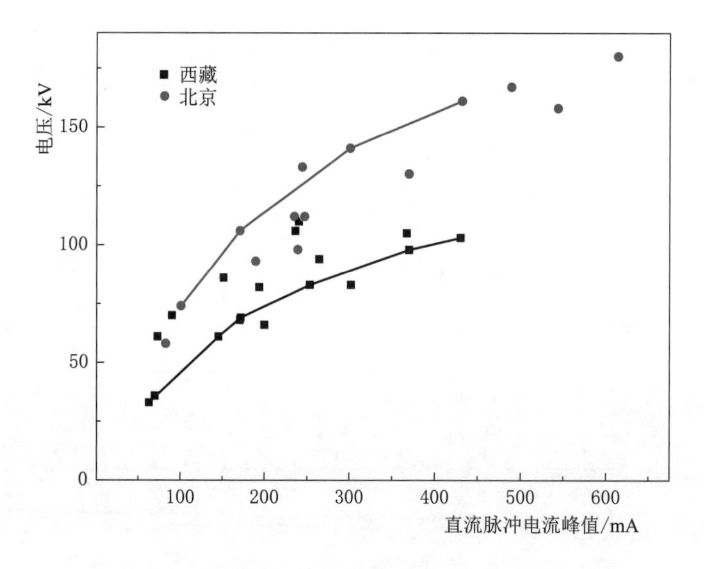

图4-23　不同气压下直流脉冲电流峰值与电压关系

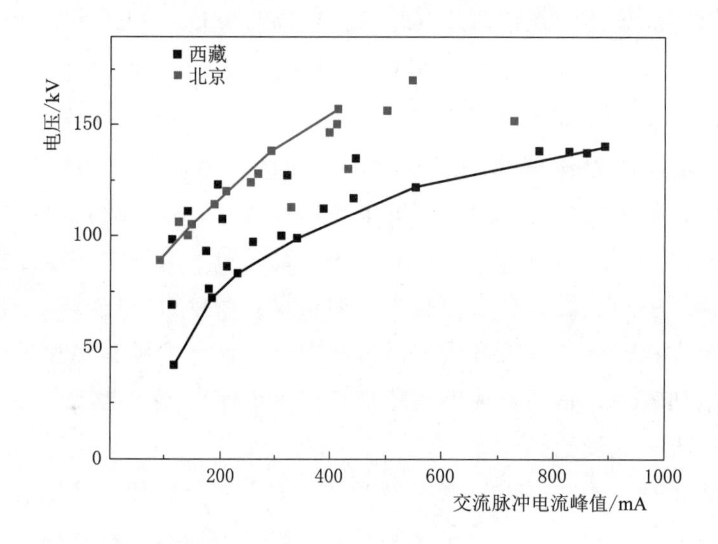

图4-24　不同气压下交流脉冲电流峰值与气压关系

此闪络前的电流较小，电弧比双伞形的要暗，闪络较为突然，飘弧也不是很严重，因此钟罩形绝缘子的上表面电弧基本紧贴表面发展。

其次是交流情况，绝缘子型号为XWP-070型和XP-070型，同样可以看到双伞形绝缘子比普通型绝缘子电弧要亮、要长、飘弧也要严重。

根据之前的研究结果表明，交流污闪电压一般要比直流污闪电压随海拔下降比例要大，但是从以上污闪过程可以明显看到，直流情况下绝缘子表面的电弧更加稳定，飘起情况更为严重，所以不能简单地把污闪电压随着海拔高度的下降归结为电弧的飘起。从平板模型表面电弧飘起的分析可以看到，电弧的飘起对于泄漏电流的影响并不是很大，而电弧弧根的移动对泄漏电流的影响较大，因此不同伞形的绝缘子污闪电压随着海拔下降不同，可能不完全是飘弧引起的，而是电弧前端弧根的移动方式决定的，如果移动较快或者容易跳过污层而短接一部分泄漏距离，则污闪电压下降较多，反之如果弧根移动缓慢，沿着污层稳定前进，那么污闪电压下降较小。

4. 高海拔条件下绝缘子表面温度分布

为了研究污秽绝缘子局部电弧的产生规律和电弧前端污层的温度分布情况，在试验过程中使用红外摄像仪拍摄绝缘子在加压过程中的温度分布情况，红外拍摄速度为30fps，污秽度为 $ESDD:NSDD=0.05mg/cm^2:1.0mg/cm^2$。拍摄结果如图 4-25 和图 4-26 所示，图中深红色区域温度较高，为电弧产生区域，温度超过标尺给出的温度，为了能分辨出绝缘子表面污层的温度分布，故标尺给出的范围小于实际的温度最大值。

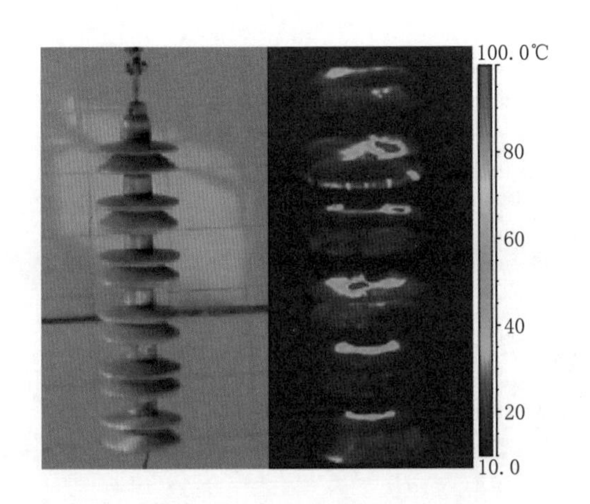

图 4-25 XWP-070 型绝缘子上表面温度分布

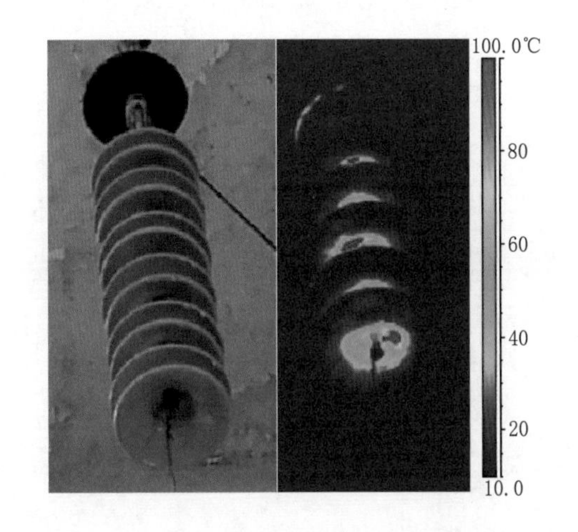

图 4-26 XWP-070 型绝缘子下表面温度分布

由图 4-25 和图 4-26 可知：①加压后的绝缘子上下表面均会出现电弧，随着电压的升高，电弧长度增加，高温区环绕钢帽和钢脚向四周扩散；②弧根处温度较高，弧根四周由于电流的集中，温升也较快，所以在计算剩余污层电阻时，需要考虑弧根处的电流集中导致的污层温度分布不均匀问题。

图 4-27 给出了局部电弧产生以后，三角模型上的温度分布情况，可以看到电弧与污层接触处，温度很高，然而弧柱区域反而温度较低，这个与之前测得的电弧温度不相符：文献中利用光谱的方法测得电弧的温度应该在 6000～1000K，然而此处看到的电弧后端区域温度小于 100℃。这是因为红外热像仪实际上是捕获被测物辐射的红外线，然而物体温度越高，辐射的波长越短，由于电弧温度很高，主要辐射波长已经超过红外区，故红外测量的电弧温度是不准确的。

图 4-28 给出了图 4-27 中直线 Li1 的温度分布情况。可以看到电极和弧根附近

图4-27　三角模型表面局部电弧产生后温度分布

的温度较高，温度变化也最为激烈。这说明弧根附近的污层除了焦耳加热作用外，电弧的加热作用也不能忽视。

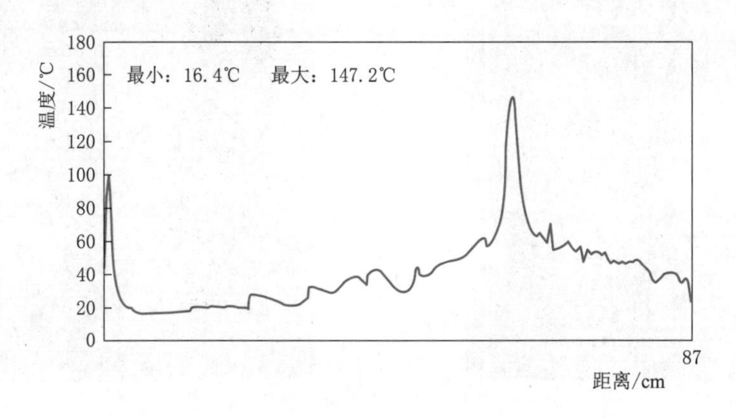

图4-28　电极之间直线距离上温度分布情况（Li1）

4.3.2　高海拔交流污闪特性研究

西藏高海拔试验基地人工污秽试验室交流污秽试验电源的额定电压为200kV，其系统接线如图4-29所示，由柱式调压器、1000kVA/200kV工频试验变压器、保护电阻、分压器和测量系统组成。其中，200kV试验变压器可采用100kV和200kV两种接线方式。

直流污秽试验电源最高电压为±250kV，其系统接线如图4-30所示。

试验雾室的净空尺寸（长×宽×高）为9m×9m×11m，其尺寸可以满足绝缘子和套管等试品的人工污秽试验。试验电压通过雾室南墙的直流、交流超高压穿墙套管引入，套管额定电压为AC 330kV、DC ±250kV。

研究中除三角平板模型机理研究试验外，对绝缘子的交直流人工污秽试验方法分

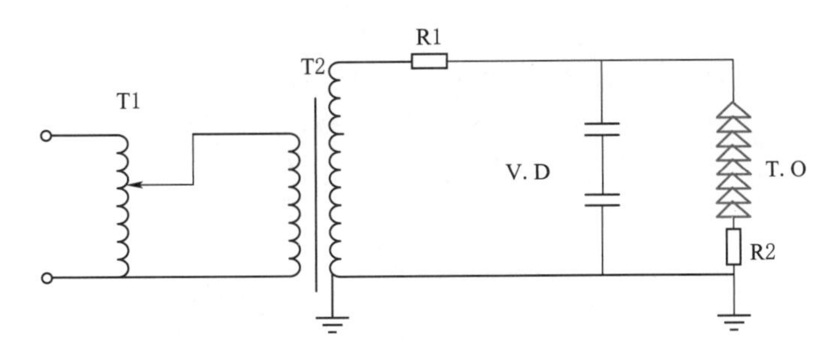

图 4-29　200kV 交流污秽试验电源主回路原理图

T1—调压器，10kV/0～10.5kV，1000kVA；T2—变压器，10kV/200kV，1000kVA；R1—保护电阻，5kΩ；V.D—电容分压器，200kV；T.O—试品，绝缘子串；R2—测量泄漏电流用电阻

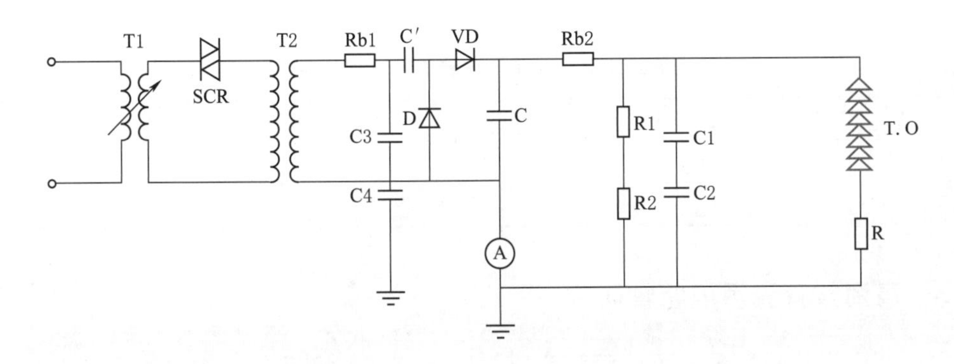

图 4-30　±250kV 直流污秽试验电源主回路原理图

T1—调压器；SCR—可控硅；T2—试验变压器；Rb1—交流侧保护电阻；C′—倍压电容器；C—滤波电容器；D—高压硅堆；Rb2—直流侧保护电阻；R1、R2—直流电阻分压器；C1、C2—耦合电容器；C3、C4—交流分压器；T.O—试品，绝缘子串；R—测量泄漏电流用电阻

别按照《交流系统用高压绝缘子的人工污秽试验》［GB/T 4585—2004（IEC 60507：1991，IDT）］中规定的“固体层法”和《直流系统用高压绝缘子人工污秽试验》（IEC 61245：1993）进行。试验程序采用“带电后湿润”方法，即先对染污的绝缘子施加电压，然后用清洁雾进行湿润，持续至闪络或耐受结束的方法。试验方法采用升降法，以获取绝缘子串的 $U_{50\%}$（50%放电电压）。

试验中的可溶物采用纯度为 99.5%的 NaCl，惰性成分采用高岭土。试品的染污采用定量涂刷法。污秽物用精密数字天平进行称量，可溶物则采用等分溶液的方法进行。试验时，每串染污好的试品只使用一次，即闪络或耐受后不再使用，冲洗后重新涂刷，以备下一次试验时使用。试品涂刷完毕进行自然干燥，彻底干燥后才送入雾室准备污闪试验。

污闪试验中如试品发生闪络，则该次试验结束，如不闪络，则试验持续至试品饱和受潮后 30min（或起雾后 45min）。每次试验结束后，将雾室中的蒸汽全部排放干净，使雾室与外界空气达到平衡后再进行第二次试验，保证雾室的温度和试品的温差不超过5K。

试品$U_{50\%}$采用升降法得到。每种污秽度下通常进行10次以上有效试验，并以这10次的试验数据来求取给定污秽度下的$U_{50\%}$，其计算公式为

$$U_{50\%}=\frac{\sum(n_i \times U_i)}{n} \tag{4-12}$$

式中 U_i——某一施加的电压水平，kV；

n_i——在相同的施加电压水平U_i下进行的试验次数；

n——有效试验的次数。

高海拔直流线路用绝缘子污闪特性试验所用的直流绝缘子型号为XZP-210和XZWP-300，其尺寸参数见表4-9。

表4-9 直流线路用绝缘子污闪特性试验试品参数

型　号	结构高度 H/mm	盘径 D/mm	爬电距离 L/mm	表面积 S/cm^2
XZP-210	170	320	545	3670
XZWP-300	195	365	525	4021

4.3.3 高海拔直流污闪特性研究

在西藏高海拔试验基地人工污秽室（4300m海拔）和北京中国电力科学研究院高压雾室（0m海拔）两种海拔条件下，对220kV交流线路用典型瓷绝缘子XP-070型，分别在0.05mg/cm^{2}和0.1mg/cm^{2}盐密，1.0mg/cm^{2}灰密条件下开展交流人工污秽试验，得到4300m海拔条件下50%污秽闪络特性曲线。

试验采用220kV交流线路用普通型瓷绝缘子XP-070型，其尺寸参数见表4-10。

表4-10 试验用220kV交流普通绝缘子的几何参数

材质	型　号	结构高度/mm	爬电距离/mm	盘径/mm	表面积/cm^2	机械负荷/kN
电瓷	XP-070	146	310	255	1602	70

在位于西藏羊八井的国家电网公司西藏高海拔试验基地污秽及环境试验室和位于北京的中国电科院雾室，分别进行了220kV普通绝缘子不同盐密条件下的交流人工污秽试验，其试验条件见表4-11。

表4-11 XP-070型交流绝缘子污闪试验条件

型号	盐密/(mg/cm^2)	灰密/(mg/cm^2)	上下表面积污比	绝缘子串片数/片
XP-070	0.05	1.0	1∶1	15
	0.1	1.0	1∶1	20

试验结果分别如图 4-31 和图 4-32 所示。

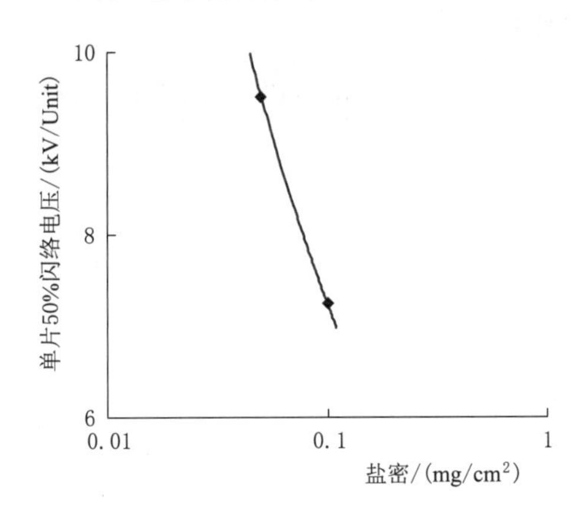

图 4-31 4300m 海拔条件下，XP-070 型绝缘子污闪特性曲线

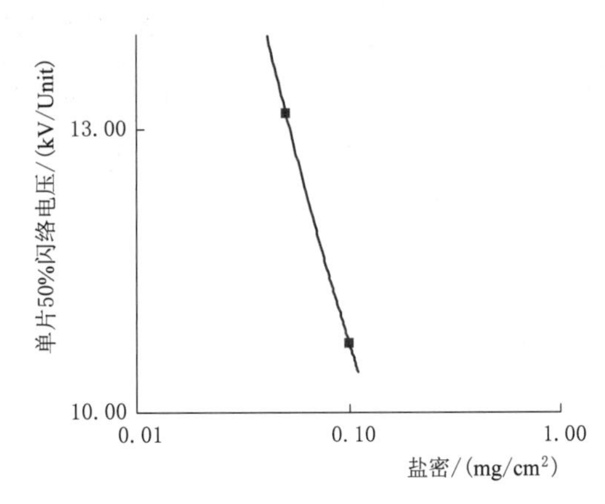

图 4-32 0m 海拔条件下，XP-070 型绝缘子的污闪特性曲线

对西藏高海拔试验基地和北京中国电科院高压雾室开展的 XP-070 型交流绝缘子在不同盐密条件下的人工污秽试验结果进行汇总，得到 XP-070 型绝缘子在两种海拔下，在不同典型盐密、1.0mg/cm² 灰密条件下的污闪特性曲线，如图 4-33 所示。

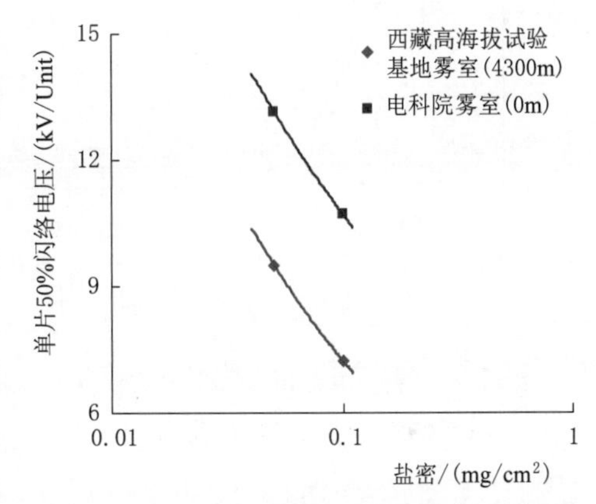

图 4-33 XP-070 型交流绝缘子在不同海拔条件下的污闪特性曲线

从试验结果来看，对于 XP-070 型交流绝缘子而言，在典型盐密 0.05mg/cm²、0.1mg/cm² 时，西藏高海拔试验基地雾室(4300m) 获得的污闪电压分别比北京中国电科院雾室（45m，近似作为 0m 处理）获得的污闪电压低 27.7% 和 32.4%，折合到每升高 1km 海拔，污闪电压下降 6.4% 和 7.5%。按平均值处理可得，对于 XP-070 型交流绝缘子，海拔每升高 1000m，污闪电压要下降 7%，即其下降斜率 k_1 为 0.070。

4.4 高海拔污闪电压校正系数

4.4.1 高海拔交流污闪电压校正系数

4300m 海拔条件下 XZP-210 型和 XZWP-300 型直流绝缘子污闪试验条件见表 4-12，通过人工污秽试验，得出 XZP-210 型和 XZWP-300 型绝缘子在海拔 4300m 条件下的污闪特性曲线，如图 4-34 和图 4-35 所示。

表4-12　　4300m海拔条件下XZP-210型和XZWP-300型直流绝缘子污闪试验条件

序号	伞形	盐密/(mg/cm^2)	灰密/(mg/cm^2)	上下表面积污比	片数，片/串
1	XZP-210	0.03	1.0	1∶1	13
		0.05	1.0	1∶1	16
		0.10	1.0	1∶1	21
2	XZWP-300	0.05	1.0	1∶1	16
		0.10	1.0	1∶1	20

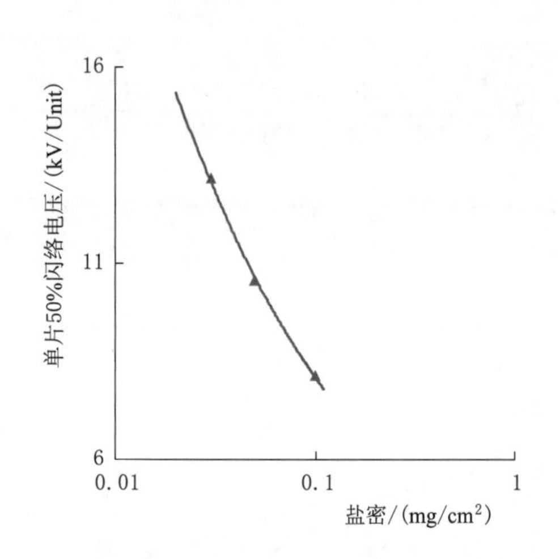

图4-34　4300m海拔XZP-210型直流绝缘子的污闪特性曲线

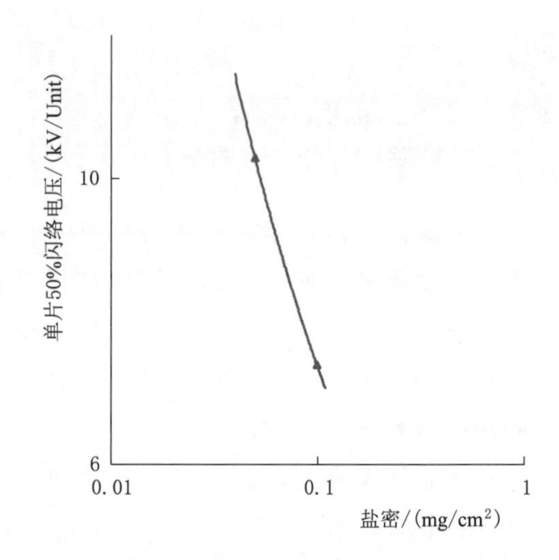

图4-35　4300m海拔XZWP-300型直流绝缘子的污闪特性曲线

对于XZP-210型直流绝缘子，结合中国电力科学研究院在北京中国电科院高压雾室以及在昆明云南电力科学研究院高压雾室开展的XZP-210型直流绝缘子在不同盐密条件下的人工污秽试验结果，可以得到±500kV直流线路用绝缘子XZP-210在不同海拔条件下，在不同典型盐密，在$1.0mg/cm^2$灰密条件下的污闪特性曲线，如图4-36所示。

从试验结果来看，对于XZP-210型直流绝缘子而言，在典型盐密$0.03mg/cm^2$、$0.05mg/cm^2$、$0.1mg/cm^2$时，西藏高海拔试验基地雾室（4300m）获得污闪电压分别比北京中国电科院雾室（45m，近似作为0m处理）获得的污闪电压低15.2%、10.1%、4.5%，折合到每升高1km海拔，污闪电压下降3.5%、2.4%和1.0%。按平均值处理可得，对于XZP-210型直流绝缘子，海拔每升高1000m，污闪电压要下降2.3%，即其下降斜率k_1为0.023。

而对于XZWP-300型直流绝缘子，结合中国电力科学研究院在北京中国电科院高压雾室在不同盐密条件下的人工污秽试验结果，典型±800kV直流线路用绝缘子（XZWP－300型）在不同海拔条件下，在不同典型盐密，在$1.0mg/cm^2$灰密条件下的污闪特性曲线，如图4－37所示。

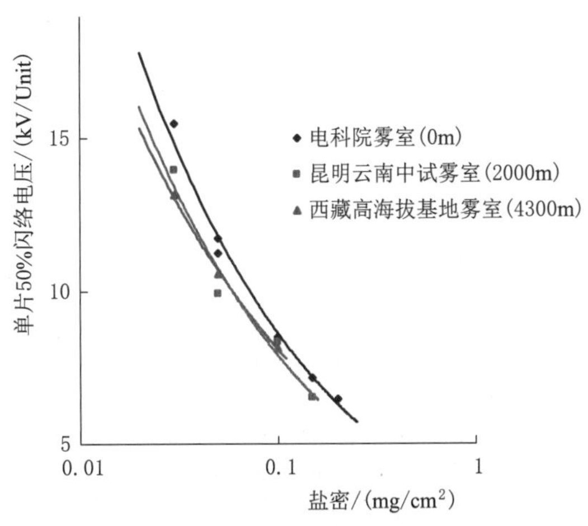

图4－36　XZP－210型直流绝缘子在不同海拔条件下的污闪特性曲线

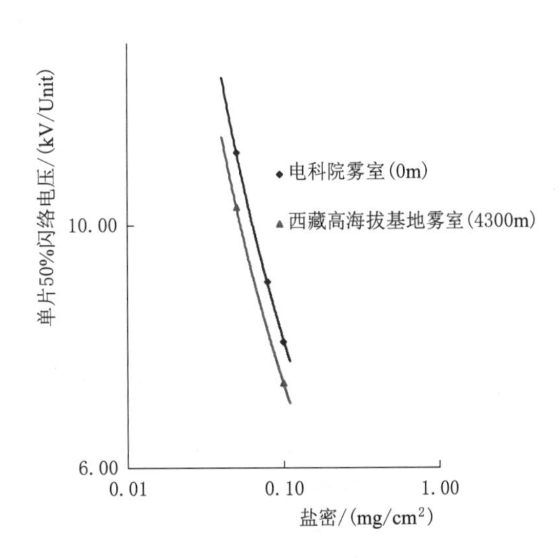

图4－37　XZWP－300型直流绝缘子在不同海拔条件下的污闪特性曲线

从试验结果来看，对于XZWP－300型直流绝缘子而言，在典型盐密$0.05mg/cm^2$、$0.1mg/cm^2$时，西藏高海拔试验基地雾室（4300m）获得污闪电压分别比北京中国电科院雾室（45m，近似作为0m处理）获得的污闪电压低7.8％、10.6％，折合到每升高1km海拔，污闪电压下降1.8％和2.5％。按平均值处理可得，对于XZP－210型直流绝缘子，海拔每升高1000m，污闪电压要下降2.1％，即其下降斜率k_1为0.021。

4.4.2　高海拔直流污闪电压校正系数

在西藏高海拔试验基地，对两种伞形的直流支柱绝缘子，在两种典型盐密下，开展了人工污秽试验，试验采用两节组合。具体试验条件见表4－13，试验结果如图4－38和图4－39所示。

表4－13　4300m海拔条件下±500kV直流支柱绝缘子污闪试验结果

伞形	盐密/(mg/cm^2)	灰密/(mg/cm^2)	上下表面积污比	高度/m
一大二小	0.05	0.30	1∶1	4
	0.08	0.48	1∶1	4
等径深棱	0.05	0.30	1∶1	4
	0.08	0.48	1∶1	4

结合中国电科院高压雾室（0m）开展的一大二小和等径深棱两种直流支柱绝缘子在不同盐密条件下的人工污秽试验结果，可分析比较两种海拔下的污闪特性曲线，如图 4-40 和图 4-41 所示。

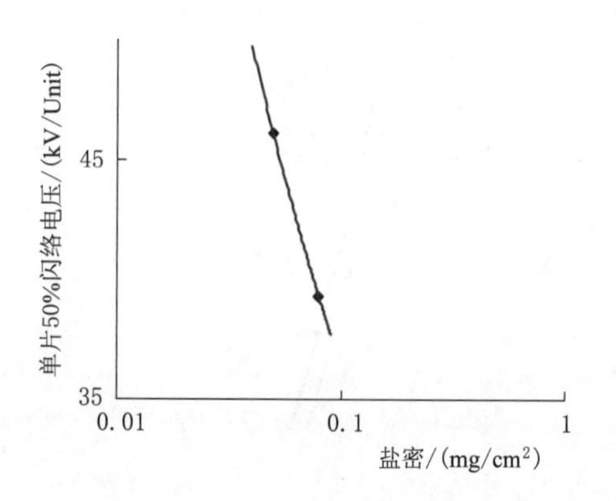

图 4-38　4300m 海拔一大二小支柱绝缘子污闪特性曲线

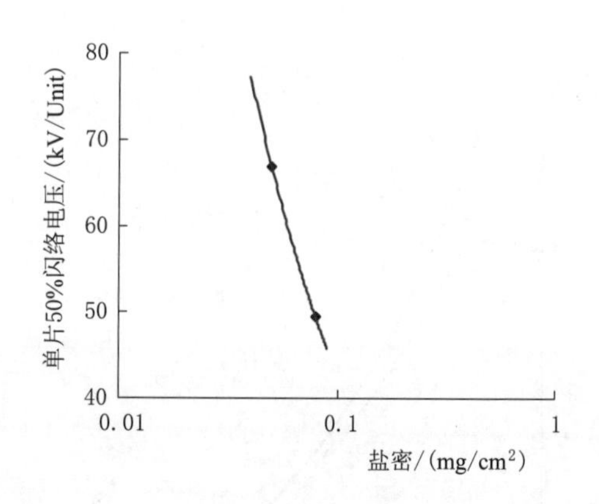

图 4-39　4300m 等径深棱支柱绝缘子污闪特性曲线

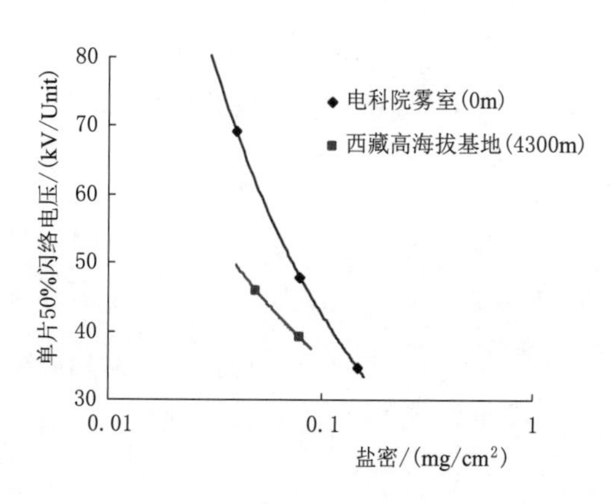

图 4-40　两种海拔下一大二小支柱绝缘子污闪特性曲线

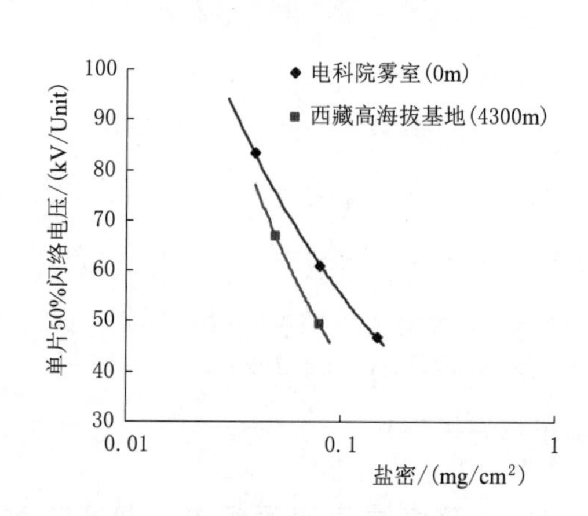

图 4-41　两种海拔下等径深棱支柱绝缘子污闪特性曲线

从试验结果来看，对于一大二小直流支柱绝缘子，由图 4-40 可得，在典型盐密 $0.05mg/cm^2$ 和 $0.08mg/cm^2$ 时，西藏高海拔试验基地雾室（4300m）获得污闪电压分别比北京中国电科院雾室（45m，近似作为 0m 处理）获得的污闪电压低 24.2%和 14.9%，折合到每升高 1000m 海拔，污闪电压下降 5.6%和 3.5%。按平均值处理可得，对于一大二小直流支柱绝缘子，海拔每升高 1000m，污闪电压要下降 4.6%，即其下降斜率 k_1 为 0.046。

而对于等径深棱支柱绝缘子，由图 4-41 可得到，在典型盐密 $0.05mg/cm^2$ 和 $0.08mg/cm^2$ 时，西藏高海拔试验基地雾室（4300m）获得的污闪电压分别比北京中国电科院雾室（45m，近似作为0m处理）获得的污闪电压低9.7%和14.6%、折合到每升高1000m海拔，污闪电压下降2.3%和3.4%。按平均值处理可得，对于一大二小直流支柱绝缘子，海拔每升高1000m，污闪电压要下降2.8%，即其下降斜率k_1为0.028。

第 5 章

高海拔交直流绝缘配置

合理的绝缘配合是保证输电线路安全稳定运行的基础前提。高海拔地区，随着海拔升高，空气逐渐稀薄，沿面和间隙外绝缘都会下降，外绝缘配合将更加复杂，将直接影响工程造价和运行可靠性。输电线路绝缘配合除应考虑工作电压的要求外，还应可靠地承受操作过电压和雷电过电压。

5.1 高海拔交直流绝缘配置原则

5.1.1 交直流配置规范必要性

空气间隙和绝缘子构成了电气设备的外绝缘，空气间隙的击穿电压及绝缘子的闪络电压和大气条件有关。随着海拔高度逐渐增加，空气密度逐渐下降，外绝缘放电电压也随之下降，因此高海拔地区电气设备外绝缘配置必须考虑大气条件的影响。

目前国家标准、行业标准及相关国际标准中，已经给出了外绝缘放电电压与大气参数之间关系的经验公式，这些公式形式不同、校正方法不同、确定的海拔校正因数不同，且适用范围也不尽相同，使得高海拔地区电气设备外绝缘的选择无统一标准可依。由于高海拔地区电气设备外绝缘不一致，因此无法从经济和技术上统筹兼顾，保证电气设备的安全稳定运行。

此外，在进行高海拔外绝缘校正时，因没有科学、统一的海拔分级标准，导致高海拔地区呈现电气设备参数杂乱、同类型设备序列较多、规格型号不统一的现象，造成电气设备生产周期长、成本高，通用互换性较差，不利于提高物资集约化管理的整体水平。

因此，根据国家电网公司集约化、精细化管理的要求，充分发挥集团规模优势，降低采购成本，必须统一设备技术标准，全面推进技术标准化、产品系列化，提高物资采购过程工作效率。为此，国家电网公司物资部委托青海省电力公司编写相关标准。该标准的制订将有利于减少高海拔地区设备型式，方便工程设计、招标和运行维护；有利于缩短工程建设周期，降低工程建设和运营成本；有利于设备厂家推行技术进步和降低制造成本；有利于增强设备的统一性和通用性，提高工程建设水平。

遵照《高压配电装置设计规范》（DL/T 5352—2018）、《交流电气装置的过电压保护和绝缘配合设计规范》（GB/T 50064—2014）和《110～750kV 架空输电线路设计技术规定》（Q/GDW 10179—2017）中的原则，以及相关的设备、试验标准，并充分吸收规程颁发以来电力行业标准化、信息化研究推广应用的成果，在总结和分析的基础上广泛征求各方意见，形成高海拔外绝缘配置技术规范。

5.1.2 海拔分级

海拔分级如下：

（1）对于海拔未超过 1000.00m 的地区，按照海拔 1000.00m 进行海拔分级。

（2）对于海拔超过 1000.00m 但又不超过 2000.00m 的地区，按照海拔 2000.00m 进行海拔分级。

（3）对于海拔 2000.00m 以上地区，输电设备按照 500.00m 进行海拔分级。

5.1.3 海拔修正方法

空气间隙海拔修正方法推荐用：《绝缘配合　第 2 部分：应用指南》（IEC 60071—2—2018）海拔校正因数计算方法，即

$$K_a = e^{m(H/8150)} \tag{5-1}$$

IEC 60071—2—2018 推荐的 K_a 中指数 m 取值为：①对配合雷电冲击放电电压，m=1.0；②对空气间隙和洁净绝缘子短时工频放电电压，m=1.0；③对配合操作冲击放电电压，m 取值如图 5-1 所示。

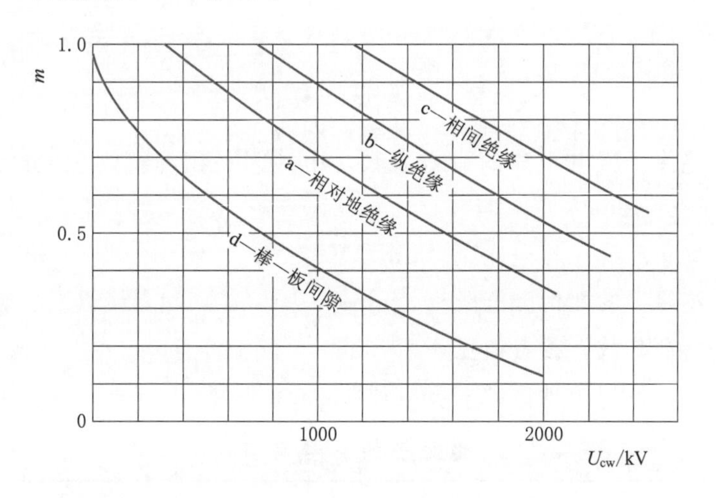

图 5-1　指数 m 与操作冲击放电电压的关系

1. 爬电距离修正

污秽等级遵循《污秽条件下使用的高压绝缘子的选择和尺寸确定　第 1 部分：定义、信息和一般原则》（GB/T 26218.1）的规定，划分如下：a—非常轻；b—轻；c—中；d—重；e—非常重。其中，该字母等级不直接对应以前有关标准中的数字等级；从一级变到另一级是渐变的，因此，当确定绝缘子尺寸时需考虑现场污秽度等级。

各级污秽区绝缘子，包括变电设备的绝缘子，瓷和玻璃绝缘子的统一爬电比距与现场污秽度关系如图 5-2 所示，如给出爬电距离，需考虑有效系数。

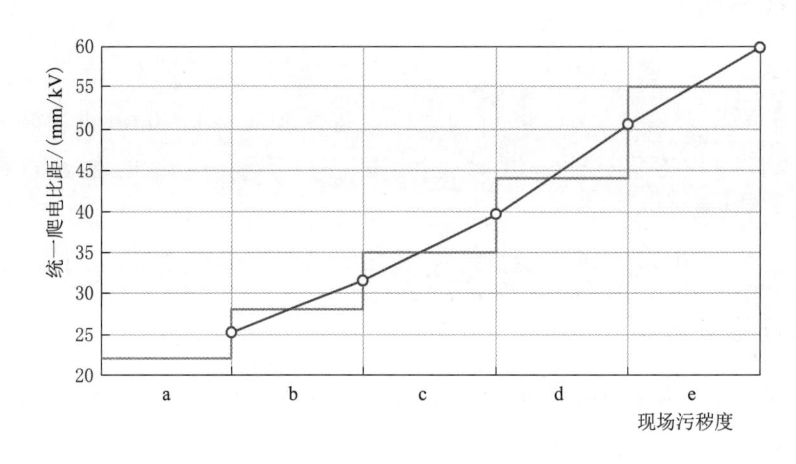

图 5-2　统一爬电比距和现场污秽度的相互关系

2. 复合绝缘子爬电距离修正

高海拔地区复合绝缘子爬电距离计算公式为

$$L_o=\frac{\lambda' U_{pm}}{K_e} \tag{5-2}$$

其中

$$\lambda'=\lambda(1+\kappa) \tag{5-3}$$

式中　K_e——绝缘子爬电距离的有效系数，由污闪和积污特性确定，标准型绝缘子 $K_e=1$；

λ'——修正后统一爬电比距，mm/kV；

L_o——绝缘子的几何爬电距离，mm；

κ——特征参数，参考值见表 5-1；

λ——1000m 以下地区统一爬电比距，mm/kV。

表 5-1　　绝缘子的 κ 参考值

κ 值	海拔每增加 1000m	海拔每增加 500m
	6%	3%

5.2 高海拔交直流绝缘配置水平

5.2.1 绝缘子串外绝缘额定耐受电压

根据 GB 311.1—2012 以及国内绝缘子制造水平，规定输电线路绝缘子串外绝缘额定耐受电压。试验程序、试验判据及试验电压波形均应执行国内相关标准及规定。

5.2.2 确定绝缘子串最小电弧距离原则

（1）750kV 电压等级输电线路复合绝缘子最小电弧距离按照实际工程，以操作过电压进行绝缘配合同时校核雷电过电压间隙。

（2）330kV 电压等级输电线路复合绝缘子最小电弧距离在计算值基础上，参考实际工程取值。

（3）110kV 参考了《青藏铁路 110kV 输变电工程的绝缘配合》中的结论与工程实际取值。

（4）对于 500kV 电压等级及以下输电线路复合绝缘子最小电弧距离，按照雷电过电压进行绝缘配合确定。

（5）根据《110～750kV 架空输电线路设计技术规定》（Q/GDW 10179—2017）确定雷电过电压间隙。

如因高海拔而需要增加绝缘子数量，则雷电过电压最小间隙也应相应增大。在雷电过电压的情况下，其空气间隙的正极性雷电冲击放电电压应与绝缘子串的 50%雷电冲击放电电压相匹配。不必按绝缘子串的 50%雷电冲击放电电压的 100%确定间隙，对于 750kV 输电线路只需按绝缘子串 50%雷电冲击放电电压的 80%确定间隙，对于 500kV 及以下线路只需按绝缘子串的 50%雷电冲击放电电压的 85%确定间隙（污秽区该间隙可仍按 a 级污秽区配合），即

$$U'_{50\%}=85\%U_{50\%}\text{（适用于 500kV 及以下电压等级输电线路）} \tag{5-4}$$

$$U'_{50\%}=80\%U_{50\%}\text{（适用于 750kV 电压等级输电线路）} \tag{5-5}$$

其中

$$U_{50\%}=556l \tag{5-6}$$

式中 $U_{50\%}$——绝缘子串的 50%雷电冲击放电电压，kV；

l——绝缘子串绝缘长度，m。

雷电冲击放电电压 $U_{50\%}$ 与空气间隙的关系式为

$$U_{50\%}=582d \tag{5-7}$$

式中 d——空气间隙，m。

最小电弧距离见表5-2。

表5-2 最小电弧距离

系统标称电压/kV	最小电弧距离/mm								
	1000.00m	2000.00m	2500.00m	3000.00m	3500.00m	4000.00m	4500.00m	5000.00m	5500.00m
110	1000	1250	1290	1400	1460	1600	1700	1750	1860
220	1900	2100	2200	2300	2400	2600	2750	2900	3100
330	2600	3150	3150	3150	3200	3300	3500	3750	3950
500	3900	4210	4480	4760	5060	5380	5720	6080	6450
750	5300	5750	6150	6150	6600	6600	7300	—	—
1000	9000 (9750)	—	—	—	—	—	—	—	—

5.2.3 绝缘子串公称爬电距离

目前国内外普遍认为：随着气压降低，染污绝缘的直流和交流闪络电压都会降低，污闪电压与气压之间呈非线性关系，其表达式为

$$U=U_0\left(\frac{P}{P_0}\right)^n \tag{5-8}$$

式中 U_0——常压 P_0 下污闪电压；

U——低气压 P 下的污闪电压；

n——下降指数，其大小反映气压对于污闪电压的影响程度。

从大量的污闪试验结果可以看出，随海拔的下降，指数 n 不仅和伞裙形状有关，而且还和盐密、海拔高度有关。污闪电压和气压之间是非线性的关系，在实际的外绝缘的工程设计中进行绝缘子串长选择时，应用起来很不方便。气象部门提供的海拔和气压的具体数据见表5-3。

表5-3 气压和海拔高度的对应关系（青藏高原）

海拔 H/km	0.0	0.2	0.4	0.6	0.8	1.0	1.2
气压 P/MPa	0.10133	0.09895	0.09661	0.09432	0.09208	0.08987	0.08772
海拔 H/km	1.4	1.6	1.8	2.0	2.2	2.4	2.6
气压 P/MPa	0.0856	0.08352	0.08149	0.0795	0.07754	0.07563	0.07375
海拔 H/km	2.8	3.0	3.2	3.4	3.6	3.8	4.0
气压 P/MPa	0.07191	0.07011	0.06834	0.06662	0.06492	0.06326	0.06164
海拔 H/km	4.2	4.4	4.6	5.4	5.6	5.8	6.0
气压 P/MPa	0.06005	0.05849	0.05697	0.05119	0.04983	0.04849	0.04718

对表 5-3 中数据进行曲线拟合，可以得出

$$P=0.1022e^{-0.1272H} \tag{5-9}$$

而其相关系数 $R^2=0.9996$，于是可得

$$\frac{U}{U_0}=\left(\frac{P}{P_0}\right)^n=\left(\frac{0.1022e^{-0.1272H}}{0.1013}\right)^n=\left(\frac{0.1022}{0.1013}\right)^n\times e^{-0.1272nH} \tag{5-10}$$

其中

$$\begin{aligned} e^{-0.1272nH} &=1-0.1272nH+\frac{0.1272^2\times n^2\times H^2}{2!}-\frac{0.1272^3\times n^3\times H^3}{3!} \\ &=1-0.1272nH+0.0081n^2H^2-0.00034n^3H^3 \end{aligned} \tag{5-11}$$

由表 5-4 可知，n 在 0～1 的范围内，与 1 最大相差 0.00859，因此可近似认为系数为 1。

表 5-4　　不同 n 值下的式（5-10）的系数

n	0	0.1	0.2	0.3	0.4	0.5	0.6	0.7	0.8	0.9	1	—
系数	1	1.00086	1.00171	1.00257	1.00343	1.00428	1.00514	1.00600	1.00686	1.00772	1.00859	—

$$\frac{U}{U_0}=1-0.1272nH+0.0081n^2H^2-0.00034n^3H^3 \tag{5-12}$$

忽略二次项和三次项，可得

$$\frac{U}{U_0}=1-0.1272nH \tag{5-13}$$

令 $k_1=0.1272n$，则得出了海拔高度和闪络电压之间的关系，即

$$\frac{U}{U_0}=1-k_1H \tag{5-14}$$

式（5-14）也可以换算为

$$\frac{\Delta U}{U_0}=\frac{U_0-U}{U_0}=k_1H \tag{5-15}$$

$k_1=0.1272n$ 可称为下降斜率。

综上所述，高海拔地区复合绝缘子统一爬电比距 λ' 修正公式为

$$\lambda'=\lambda(1+\kappa) \tag{5-16}$$

式中　κ——特征指数，参考值见表 5-5；

λ——海拔 1000.00m 以下地区统一爬电比距，mm/kV，爬电距离见表 5-6。

表5-5 复合绝缘子的κ参考值

材料	κ值	
	海拔每增加1000m	海拔每增加500m
复合绝缘子	6%	3%

表5-6 爬电距离

系统标称电压/kV	污秽等级	爬电距离/mm								
		1000.00m	2000.00m	2500.00m	3000.00m	3500.00m	4000.00m	4500.00m	5000.00m	5500.00m
110(66)	a、b、c	2870	3050	3130	3210	3300	3390	3470	3555	3640
	d	3670	3670	3670	3670	3670	3680	3770	3865	3955
	e	4350	4350	4350	4350	4350	4370	4480	4585	4695
220	a、b、c	5740	6090	6260	6420	6600	6770	6940	7110	7280
	d	7340	7340	7340	7340	7340	7350	7540	7730	7910
	e	8710	8710	8710	8710	8710	8730	8950	9170	9390
330	a、b、c	8260	8770	9020	9250	9500	9750	9990	10240	10480
	d	10570	11200	11510	11850	12160	12790	13000	13100	13415
	e	12540	13290	13670	14050	14420	14800	15165	15540	15915
500	a、b、c	12520	13280	13660	14010	14390	14770	15140	15515	15885
	d	16010	16010	16010	16010	16010	16040	16460	16870	17275
	e	18990	18990	18990	18990	18990	19060	19530	20015	20495
750	a、b、c	18200	19310	19870	20370	20930	21480	22020	—	—
	d	23280	23280	23280	23280	23280	23330	23940	—	—
	e	27630	27630	27630	27630	27630	27720	28410	—	—
1000	a、b、c	≥32000	—	—	—	—	—	—	—	—
	d	≥32000	—	—	—	—	—	—	—	—
	e	≥32000	—	—	—	—	—	—	—	—

注 1000kV线路绝缘子根据污耐压法计算串长，悬垂串一般使用复合绝缘子，结构高度为9～9.75m，推荐CF系数为3.5～4.2。根据特高压工程绝缘子技术规范，复合绝缘子典型的爬电比距要求为≥32000m。耐张串采用瓷/玻璃绝缘子，按照不同型号绝缘子的积污特性和污闪特性推荐，标准型绝缘子统一爬电比距分别约为39mm/kV、42mm/kV、60mm/kV，外伞形的爬电比距略小。

第6章

防雷技术应用

随着电网规模不断扩张，高海拔地区输电线路城市用地审批愈发困难，新建线路基本绕山、盘山建设，山区气候环境自然多变、地理环境复杂恶劣，对线路本体的雷电防护造成极大的影响。同时，近年来高海拔地区雷电活动呈现逐年增强且移动趋势明显，线路遭受雷击的概率大幅增加。据不完全统计，雷击是造成线路跳闸的第一因素，长期严重影响到了电力系统的安全稳定运行和电力可靠供给保障。研究防雷技术十分必要。

6.1 雷电放电

6.1.1 雷电放电原理

雷云的带电过程是综合性的，强气流吹裂云中水滴时，轻微的水沫带负电，被风吹得很高，形成大块的带负电雷云；大滴水珠带正电，凝聚成雨下降，或悬浮在云中，形成一些局部带正电的区域。此外，水在结冰时，冰粒上会带正电，而被风吹走的剩余的水将带负电。而且带电过程也可能和他们吸收离子、相互撞击或融合的过程有关。

实测表明，在5～10km的高度主要是正电荷的云层，在1～5km的高度主要是负电荷的云层，但在云层底部也往往有一块不大区域的正电荷聚集。雷云中的电荷分布也不是均匀的，往往形成多个电荷密集中心。每个电荷中心的电荷为0.1～10C，而一大块雷云同极性的总电荷则可达数百库。雷云中的平均场强约为150kV/m，而在雷击时可达340kV/m。雷云下面地表的电场一般为10～40kV/m，最大可达150kV/m，当云中电荷密集处的场强达到2500～3000kV/m时，就会发生先导放电。雷云放电的大部分是在云间或云内进行的，只有小部分是对地发生的。雷云对地的电位可高达数千万伏到上亿伏。

在对地的雷电放电中，雷电的极性是指自雷云下行到大地的电荷的极性。最常见的雷电是自雷云向下开始发展先导放电的。据统计，无论就放电的次数来说，还是就放电的电荷量来说，90%左右的雷是负极性的。

大量雷电放电的光学照片表明，由负雷云向下发展的先导不是连续向下发展的，而是走一阵停一阵，再走，再停。每级的长度为10～200m，平均为25m。停歇时间为10～100μs，平均为50μs每级的发展速度约为10^7m/s。延续约1μs，而由于有停歇，所以总的平均发展速度只有（1～8）$\times 10^5$m/s。先导光谱分析表明，在其发展时中心温度可达3×10^4K，而停歇时约为1×10^4K。由主放电的速度及电流可以推算出，先导中的线电荷密度λ为（0.135～1.350）$\times 10^3$C/m（其余取值也是这个数量级范围），从而又可算出先导的电晕半径为0.6～6m。相应于下行先导的电流是无法直接测出的，但由λ及速度可估计出为100A左右。下行负先导在发展中会分成数支，这和空气中原来随机存在的离子团有关。当先导接近地面时，会从地面较突出的部分发出向上的迎面先导。当迎面先导与下行先导的一支相遇时，就产生了强烈的“中和”过程，出现极大的电流（数十到数百千安），这就是雷电的主放电阶段，伴随着出现雷鸣和闪光，这就是常见的雷电。主放电存在的时间极短，50～100μs。主放电的过程是逆着负先导的通道由下向上发展的，速度为光速c的1/20～1/2，离开地面越高则速度越小，平均放电量约0.175C。主放电到达云端时就结束了，然后云中的残余电荷经过刚才的主放电通道流下来，称为余光阶段。由于云中的电阻较大，余光阶段对应的电流不大（数百安），持续的时间却较长（0.03～0.15s）。

由于云中可能存在几个电荷中心，所以在第一个电荷中心完成上述放电过程之后，可能引起第二个、第三个中心向第一个中心放电，因此雷电可能是多重性的，每次放电相隔0.6ms到0.8s（平均约65ms），放电的数目平均为2～3个，最多可达42个。第二次及以后的放电，先导都是自上而下连续发展的（无停歇现象），而主放电仍是由下向上发展的。第二次及以后的主放电电流一般较小，不超过30kA。

6.1.2 输电线路雷击分类

雷击会对输电线路的正常运行产生各方面的影响。熟悉不同类型输电线路雷击的产生机理和特征是实现雷击识别的基础。线路上出现的由雷击引起的过电压包括两类：①感应雷过电压，是雷云击中线路附近大地或建筑物时，由于电磁感应而在导线上产生的过电压，研究的110kV及以上线路绝缘水平较高，因此感应雷过电压不会引起闪络故障，只能造成干扰；②直击雷过电压，是雷电直接击中杆塔塔顶、避雷线档距中央或导线引起的过电压。

1. 感应雷过电压

感应雷过电压的形成过程如下：在雷云对大地放电的初始阶段，是先导放电阶段。这个阶段中，导线处于雷云与先导形成的电场之中，由于静电感应作用，线路上与先导通道中负电荷极性相反的正电荷被吸引，聚集到离先导通道较近的一段导线上。导线上的负电荷因受到排斥向线路两端运动。通过系统的中性接地点或导线对地泄露电导流入大地。先导过程发展缓慢，引起的导线上电位的变化也比较小。当雷云与大地之间的气隙被击穿，主放电过程开始时，先导通道中的电荷被快速地中和，其产生的电场迅速地减小消失，导线上被束缚的正电荷得到释放向线路两端运动。由此产生的过电压是感应雷过电压的静电感应分量。同时，放电通道周围雷电流建立的强大磁场也将随电场变化而发生改变并引起很高的感应电压，称为感应过电压的电磁分量。

目前防雷计算中的很多理论是不完善的，因此需结合实测数据进行分析研究，并计算导线上感应雷过电压的最大值 U_g。

感应雷过电压的主要特点如下：

（1）静电分量与电磁分量都是因主放电过程中的电磁场的突变而同时产生的，但静电感应分量要比电磁分量大得多，故在总的感应过电压幅值中，主要考虑静电分量。

（2）三相导线与雷击点的距离基本相同，故感应过电压的幅值和在三相导线中出现的时间基本相同，相间不存在电位差。

2. 直击雷过电压

根据雷击线路位置的不同，可将直击雷过电压分为反击与绕击两种类型。雷击中避雷线或杆塔时，由于雷击点阻抗的存在使该点对地电位大幅升高，可能引起绝缘子串闪络。这种由于雷击使得避雷线或杆塔电位高于导线的情况，称为反击。雷电直接击中导线或绕过避雷线击于导线，称为绕击。

（1）反击。雷击塔顶时，在先导放电阶段，导线、避雷线和杆塔中都会因静电感应而产生出束缚电荷，但因发展速度较慢，可忽略不计，避雷线和杆塔的电位仍与大地相同。主放电阶段开始后，负的雷电流沿杆塔和避雷线传播，使得塔顶电位不断升高。导线的电位也因电磁耦合而发生变化。同时，一正的雷电流由塔顶向雷云快速发展，空间电磁场发生急剧变化，并在导线上感生正的雷电流。正负雷电流的总和相等。

导线上电压包括避雷线与导线的耦合作用产生的与雷电流极性相同的电压分量以及由雷电电磁场作用产生的与雷电流极性相异的电压分量。二者叠加得导线过电压的幅值。

雷击避雷线档距中央时由于雷电通道波阻抗的存在，在雷击点的过电压数值也会很高。不过，由于避雷线上的电晕衰减很强烈，当雷击点与杆塔有一定的距离时，过电压波到达杆塔时已不足以造成绝缘子串闪络，故只需考虑雷击点处避雷线对导线的反击。

根据国内外长期的运行经验，雷击避雷线档距中央造成地线空气间隙闪络是十分少有的。通常认为档距中央导、地线间的空气距离 d 满足条件时，很少发生击穿事故。

（2）绕击。装设避雷线的线路发生绕击的可能性很小，但是一旦发生绕击一般都会引起闪络故障。雷电绕击线路时，雷电波沿线路向两端传播，产生与雷电流同极性的雷电波。

令导线电压幅值等于绝缘子串可以计算得到线路的绕击耐雷水平。一旦发生绕击，幅值很小的雷电流就会引起故障。

6.1.3 规程法

目前，国内输电线路防雷设计工作的主要依据是规程法。规程法根据模拟试验与运行经验指出，绕击率即绕击概率与避雷线对导线外侧导线的保护角、杆塔高度及沿线路的地形地貌地质条件有关，据此得出平原线路与山区线路的经验公式。

输电线路的雷过电压分为感应雷过电压和直击雷过电压。感应雷过电压对电压为110kV及以上的线路，由于绝缘水平高，不至于引起闪络；对于直击雷过电压，只考虑雷直击杆塔和雷绕过避雷线击于线路（绕击）两种情况，不考虑雷击档距中央的情况，认为不会发生闪络。

（1）绕击率与保护角及电压的关系。一方面，绕击率与保护角成反比；另一方面，电压的高低直接反映杆塔的高度，所以绕击率与电压是成正比的。

（2）规程法特点。规程法是根据模拟试验和现场经验的统计结果建立的近似解析计算，能够满足一般线路的防雷屏蔽设计要求。该方法没有考虑实际线路的结构和雷放电特性，有时无法解释避雷线屏蔽失效现象。美国于20世纪50年代兴建了塔高45m的345kV线路。按规程法，其雷击跳闸率小于0.3/100km·a，但投入运行后每年实际出现的跳闸率在4～6次/100km的范围内。差别如此大，促使人们进一步研究线路防雷原理。20世纪60年代出现了一种以雷击机理为基础的经典电气几何分析模型法。

6.2 电气几何法

6.2.1 经典电气几何模型

经典电气几何模型（electric—geometry model，EGM）是将雷电的放电特征和线路的结构尺寸联系起来而建立的一种几何分析计算模型。该模型的核心是“Whitehead—Brown”的绕击模型，如图 6－1 所示。

图 6－1 给出了输电线路绕击标准模型示意图，对于某一雷电流幅值 I_i，对应有击距 γ_{si}。在输电线路的横断面上，分别以避雷线所在的点 S 和导线所在的点 C 为圆心，以 γ_{si} 为半径做弧 B_iC_i 与 C_iD_i，两圆弧交于 C_i 点。雷电流幅值 I_i 的改变，对应的击距 γ_{si} 也将改变，C_i 点的轨迹就是 S、C 连线的垂直平分线。在离地面距离为 γ_{si} 处作平行于地面的线 D_iE_i，与 C_iD_i 弧交于 D_i 点（D_i 点的轨迹是曲线 AC_m）。当雷电的先导头部落入弧 B_iC_i 与 C_iD_i 或直线 D_iE_i 时，将分别击中避雷线、输电导线或大地。

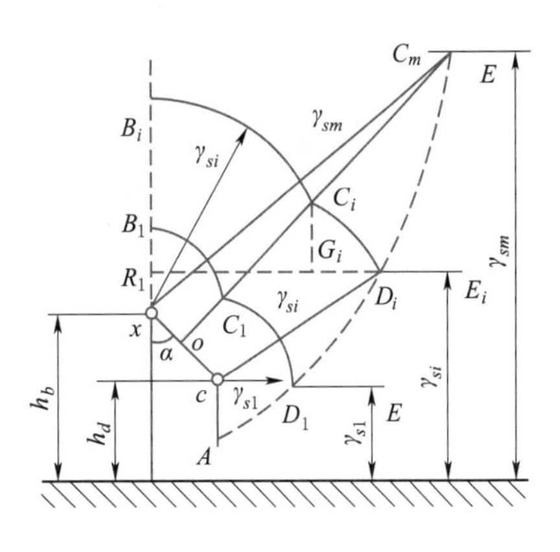

图 6－1　雷击输电线路的电气几何模型

其原理为：由雷云向地面发展的先导放电通道头部到达被击物体的临界击穿距离（击距）以前，击中点是不确定的，先到达哪个物体的击距之内，即向该物体放电；击距仅同雷电流幅值有关；先导对杆塔、避雷线、导线的击距相等。

根据以上原理，输电线路周围的空间被划分为 3 个区域如图 6－2 所示。

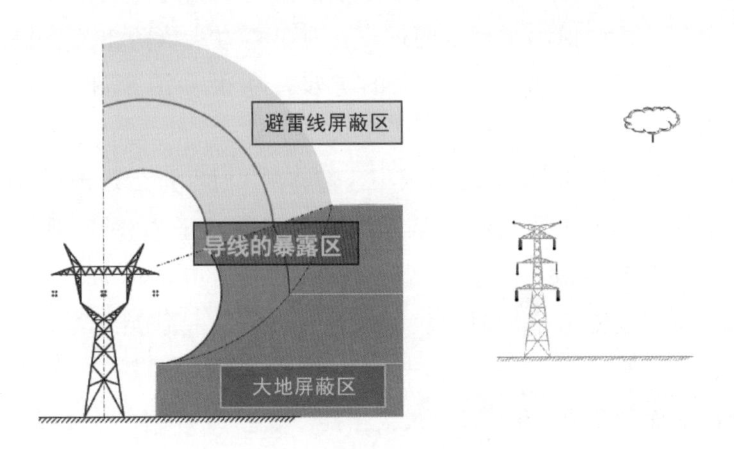

图 6－2　输电线路屏蔽系统

击距是指先导发展的最终阶段，即先导与地面被击目标之间的平均电场强度达到临界击穿值时的距离，其仅与雷电流有关：雷电流越大，击距越大。击距 γ_s（m）与雷电流幅值 I（kA）的关系为

$$\gamma_s = kI^p \tag{6-1}$$

式中　k、p——两个常数，不同的研究者给出的参数不同，具体见表 6－1，但几何模型图形及原理是相同的。

表6-1 关于击距的各家数值

雷电流/kA	来源						
	$k=7.1$ $p=0.75$ (Whitehead)	$k=6.72$ $p=0.8$	$k=9.4$ $p=2/3$	Golde	Wagner	Love	RÙh-ling
80	190	224	174	100	100	175	328
20	67	74	69	33	50	73	128

Whitehead的取值为：$k=7.1$，$p=0.75$。

电气几何模型特点如下：

(1) 雷电先导到达被击物体临界击距前是不确定的，到达哪一物体的击距内即向其放电。

(2) 击距是雷电流的函数，其大小与雷电流幅值相关。

(3) 不考虑雷击物体的形状效应和其他因素的影响，假定对地面、避雷线和导线击距相等。

(4) 先导接近地面时入射角 ϕ 概率分布密度以余弦的平方变化，其变化关系以及不存在雷电先导从线路侧面（水平方向）及下面击向导线的可能。

击距法从全新的角度揭示了雷击的过程，对于电力系统防雷工作提出了崭新的参考模型，较原来的传统方法取得了极大的进步，在很多国家和地区得到了广泛的应用。

当雷电流 I 减小，击距 γ_s 会随之减小，暴露弧 C_iD_i 将会逐渐增大，绕击率也会随之上升，但是与之对应的雷电流 I 低于线路的耐雷水平 I_0 时，即使雷击于导线也不会发生雷击闪络造成事故，与耐雷水平 I_0 相对应的击距称为临界击距 γ_{s0}（也称"允许击距"）。当雷电流 I 增加时，相应的 γ_s 也增加，暴露弧 C_iD_i 逐渐减少至零，此时的击距为最大击距 $\gamma_{s\cdot\max}$。

在平原地区地面倾角 θ_g 为零时，最大击距 $\gamma_{s\cdot\max}$ 为

$$\gamma_{s.\max}=\frac{h_d+h_b+2\sqrt{h_dh_b}\sin\alpha}{2\cos^2\alpha} \tag{6-2}$$

在山区，地面总有一定的倾角 θ_g，即 θ_g 不为零，此时最大击距 $\gamma_{s\cdot\max}$ 为

$$\gamma_{s\cdot\max}=\frac{(h_d+h_b)\cos\theta_g+2\sqrt{h_dh_b}\sin(\alpha+\theta_g)}{2\cos^2(\alpha+\theta_g)} \tag{6-3}$$

式中 h_d——相导线平均对地高度，m；

h_b——屏蔽线的平均对地高度，m；

α——保护角；

θ_g——地面倾角（注意：α 和 θ_g 有符号，α 以基准轴逆时针方向通过导线为“+”反之为“-”；θ_g 以杆塔处水平地面为基准，向下倾斜 θ_g 为“+”反之为“-”）。

线路的耐雷水平为

$$I_0 = \frac{4U_{50\%}}{Z} \tag{6-4}$$

式中 $U_{50\%}$——线路绝缘子串的50%雷电放电电压，kV；

Z——线路波阻抗，Ω。

则有临界击距 γ_{s0} 为

$$\gamma_{s0} = 20\left(\frac{U_{50\%}}{Z}\right)^{0.75} \tag{6-5}$$

一般情况下，Z 取值为 400Ω。

对应的雷电流幅值概率分布式为

$$\lg P = -I/88 \tag{6-6}$$

式中 I——雷电流，kA；

P——峰值超过 I 的雷电流出现的概率。

当击距在 $\gamma_{s0} < \gamma_s < \gamma_{s\cdot\max}$ 范围内才能绕击导线并造成闪络。如果 $\gamma_{s0} \geqslant \gamma_{s\cdot\max}$ 称该线路为有效屏蔽；若 $\gamma_{s0} \leqslant \gamma_{s\cdot\max}$ 则称部分有效屏蔽线路。在实际运行中，对于一些不是很重要的线路，可以采用部分有效屏蔽的方式。

经典电气几何模型的特点为：提出了击距的概念，假设雷电先导对导线、对避雷线及对大地三者的击距相等；将雷电的放电特性与线路的结构尺寸联系起来；在考虑绕击率与杆塔的高度及避雷线保护角的关系之外，更为细致地考虑了雷击线路的过程，引入了绕击率与雷电流幅值有关的理论，比规程法前进了一步。

经典电气几何模型在应用中也存在着问题。如当线路额定电压上升时，由于绝缘加强，所以耐雷水平 I_2 上升，允许击距也随之上升。这样就得出了有效屏蔽角 α 可以随着额定电压的上升而加大的结果。但这一点与运行经验恰恰相反，运行经验说明，随着额定电压的上升，其保护角口应下降。

6.2.2 绕击率和绕击跳闸率的表达式

线路的一次雷击事件的绕击率由击距分布概率和条件概率决定。由雷电流分布概率推导出击距分布概率。条件概率与杆塔几何参数及入射角几何参数有关，由先导头处于相导线闪络的空间位置决定。绕击基准模型示意如图 6-3 所示。

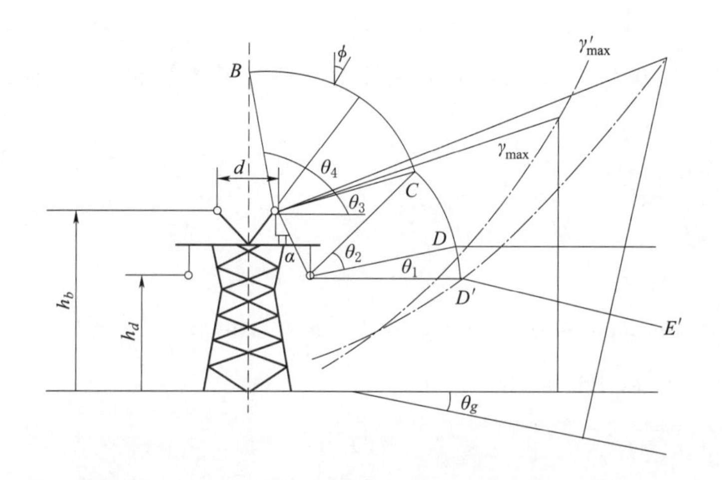

图6-3　绕击基准模型示意图

h_b—雷线距地面有效高度；h_d—边相导线距地面有效高度；d—避雷线间的距离；
α—杆塔保护角；θ_g—地面倾角：γ_{max}—地面倾角为0时的最大击距；
γ'_{max}—地面倾角为θ_g时的最大击距；ϕ—雷击接近地面时先导的入射角；
BC—雷击避雷线的屏蔽弧段；CD—雷击导线的暴露弧段

线路绕击率计算公式为

$$P_\alpha = \int_{\gamma_{s0}}^{\gamma_{s\cdot max}} x f(x) \mathrm{d}x \tag{6-7}$$

其中

$$x = \frac{M}{M+N}$$

$$f(x) = \left[\frac{5.873}{(\gamma_s^{1.25}+5.36)^{0.8} - (\gamma_s^{1.25}-5.36)^{0.8}}\right] \times \frac{1}{\gamma_s^{1.25}}$$

$$\times \exp\left[-0.5\left(\frac{\ln\gamma_s^{1.25}-5.778}{0.737}\right)^2\right] \tag{6-8}$$

$$M = \frac{2}{\pi}\gamma_s\left[\frac{1}{2}(\theta_2-\theta_1) - \frac{1}{12}(\sin 2\theta_2 - \sin 2\theta_1) - \frac{2}{3}(\cos\theta_2 - \cos\theta_1)\right] \tag{6-9}$$

$$N = \frac{2}{\pi}\gamma_s\left[\frac{1}{2}(\theta_4-\theta_3) - \frac{1}{12}(\sin 2\theta_4 - \sin 2\theta_3) - \frac{2}{3}(\cos\theta_4 - \cos\theta_3)\right] \tag{6-10}$$

式中　x——暴露弧与总弧长度（即暴露弧线与屏蔽弧线之和）的比值，代表先导头部处于对边相导线闪络的空间位置条件概率。

其中

$$\theta_1 = \theta_g + \arcsin\left(k - \gamma_d \frac{\cos\theta_g}{\gamma_s}\right)$$

$$\theta_2 = \alpha + \arcsin\left(\frac{L}{2\gamma_s}\right)$$

$$\theta_3=\alpha-\arcsin\left(\frac{L}{2\gamma_s}\right)$$

$$\theta_4=\pi-\arccos\left(\frac{D}{2\gamma_s}\right)$$

$$L=\frac{(h_b-h_d)\arccos\theta_g}{\cos(\alpha-\theta_g)}$$

式中 L——导线到避雷线的直线距离；

D——两避雷线间距；

k——击距系数，等击距时 $k=1$，线路绕击跳闸率由绕击率乘以线路的落雷次数而定。

击距 γ_s 的分布概率 $f(\gamma_s)$，先导头部处于对相导线闪络的空间位置的条件概率为 x，则对边相导线闪络的概率为 $xf(\gamma_s)$。

线路绕击跳闸率公式为

$$n=P_\alpha N_g \tag{6-11}$$

式中 P_α——绕击率；

N_g——线路的落雷次数。

影响绕击跳闸率的因素分析如下：

(1) 保护角的影响。对同杆或杆塔高度相同、地面倾角相同、绝缘子串数相同时，绕击率随避雷线保护角的增大而增大。

(2) 地面倾角的影响。对同一高度杆塔，保护角相同、绝缘子片数相同时，绕击率随地面倾角的增大而大幅度提高。

(3) 杆塔高度的影响。当保护角相同、地面倾角相同、绝缘子片数相同时，绕击率随杆塔高度的增加而增大。

6.2.3 改进电气几何模型

经典电气几何模型法虽然引入了绕击率 P_α 与雷电流幅值 I 相关的观点，考虑了线路结构和雷电流参数对绕击率的影响，但在推求最大击距 $\gamma_{s\cdot\max}$ 的公式中，没有考虑雷击于导线的平均电场强度与雷击于地面的平均电场强度的不同。

事实上，雷（负极性）击导（地）线时，雷电通道的临界电场强度一般要比雷击地面时的雷电通道的临界电场强度小，雷击导线与雷击地面时的平均临界场强之比系数 K 的取值就值得讨论。

IEEE 导则推荐，当避雷线高度小于 40m 时，雷击导线与雷击地面时的平均临界场强之比例系数 K 取 0.8；在流注理论中，根据气隙放电特性，雷电属于棒状电场，地面属于平板电场（不考虑特殊情况），而导线和架空避雷线就属于棒电场，根据棒—棒，负棒（负极性雷90%）—板电场击穿电压的不同，K 可以取到0.33，然而这个系数没有考虑到长气隙时，击穿距离与击穿电压之间的饱和效应。因此，李如虎提出了 K 取0.53。K 的取值会影响到绕击率的计算，K 值越小，绕击率越大，越是要求负保护角。

引入击距系数 K（$0<K\leqslant 1$）以后，临界击距 γ_{s0} 计算方法不变，绕击概率计算公式不变。

然而，直接考虑到山地地面倾角时，最大击距计算公式为

$$\gamma_{s\cdot\max}=\frac{K\times(h_d+h_b)\cos\theta_g+2\sqrt{h_d+h_{b-G}}\times\sin(\alpha+\theta_g)}{2F}\cos\theta_g \quad (6-12)$$

$$G=F\times\left[\frac{h_d-h_b}{\cos(\alpha-\theta_g)}\right]^2 \quad (6-13)$$

$$F=K^2-\arcsin(\alpha-\theta_g) \quad (6-14)$$

K 代表击距系数，其余的计算可以完全参考等击距模型中的计算过程。

不等击距模型的建立，为等击距模型进行了必要的完善，为击距模型的改进指引了方向。然而，不等击距模型只是在流注理论的基础上进行了探讨，只引进了击穿场强与电极的几何形状有关的理论，缺乏进一步分析，失去了将不等击距模型完善的机会。事实上，导线与架空地线（避雷线）的击距是否相等的问题没有得到严格的分析和论证。导线与避雷线的击距问题的讨论就是完善击距模型的关键。

6.2.4 Eriksson的改进电气几何模型

Eriksson针对经典电气几何模型的不足，提出了改进的电气几何模型。该模型主要考虑了结构物高度对输电线路雷电绕击的影响，引入了吸引距离（吸引半径）这一基本概念，即击距 γ_s 替换为吸引半径 γ_α。

Eriksson认为：引雷的结构物有一吸引半径 γ_α，当下行雷电先导进入结构物的吸引半径 γ_α 之内，结构物上的迎面先导将拦截下行雷电先导；吸引半径 γ_α 同雷电流的幅值 I 和结构物高度 H 是直接相关；下行雷电先导可从不同角度靠近结构物，一旦超出结构物的吸引半径，雷电先导将直接击向地面。输电线路的两种雷电屏蔽情况如图6-4所示。

计算输电线路屏蔽性能时

$$\gamma_\alpha=0.67\times H^{0.6}\times I^{0.74} \quad (6-15)$$

式中 γ_α——结构物吸引距离，m；

H——结构物高度，m。

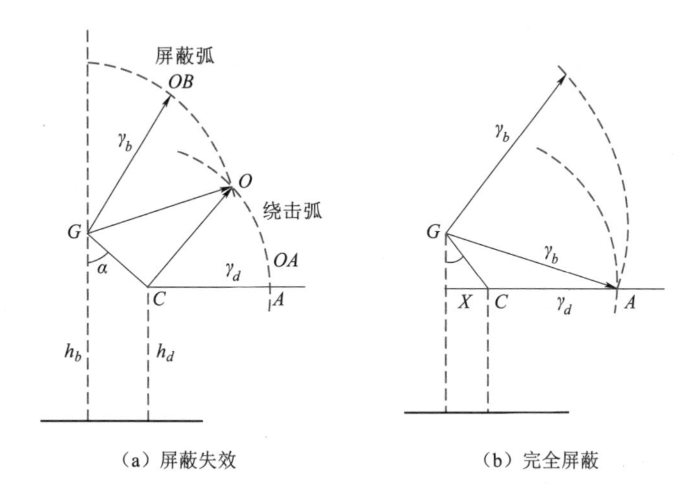

(a) 屏蔽失效　　(b) 完全屏蔽

图 6-4　输电线路雷电屏蔽分析

此时，以吸引半径 γ_α 取值特点来看，相同的雷电流的条件下，避雷线的吸引半径 γ_b 总是大于导线的吸引半径 γ_d，两者的比例固定为

$$\frac{\gamma_b}{\gamma_d}=\left(\frac{h_b}{h_d}\right)^{0.6} \tag{6-16}$$

此时，参考等击距模型中的参数设定，输电线路的绕击闪络概率为

$$p_\alpha=\int_{I_0}^{I_{\max}}\frac{M}{M+N}f(I)\mathrm{d}I \tag{6-17}$$

式中　I_0——线路的耐雷水平；

$I_{\max}$——能引起绕击的最大雷电流幅值。

我国雷电流幅值的概率分布密度函数为

$$f(I)=\frac{1}{88}\ln 10\times 10^{-I/88} \tag{6-18}$$

此时，该雷电流对应的绕击弧 M 与屏蔽弧 N 的求法分别为

$$M=\gamma_d\times\left(\theta_g+\alpha+\arccos\frac{\gamma_d^2-\gamma_b^2+[(h_b-h_d)/\cos\alpha]^2}{2\gamma_d(h_b-h_d)/\cos\alpha}\right) \tag{6-19}$$

$$N=\gamma_b\times\left(\pi+\arcsin\left(\frac{d}{2\gamma_b}\right)-\alpha-\arccos\frac{\gamma_d^2-\gamma_b^2+[(h_b-h_d)/\cos\alpha]^2}{2\gamma_d(h_b-h_d)/\cos\alpha}\right) \tag{6-20}$$

$$\gamma_d=0.67\times h_d^{0.6}\times I^{0.74}$$

$$\gamma_b=0.67\times h_b^{0.6}\times I^{0.74}$$

式中　d——水平排列的双避雷线之间的距离。

其余参数可以参考等击距电气几何模型进行计算。

改进电气几何模型同经典电气几何模型的区别在于：改进电气几何模型考虑了结构物高度对其引雷效果的影响，使分析更接近实际。但该方法不够完善，即没有准确说明吸引距离同击距的区别以及平均吸引半径如何确定等。

该算法开创了不等击距电气几何模型同结构物高度与击距相联系的先河，比原来只讨论电极形状对击穿场强的影响要更为符合实际，但其科学性有待论证。因为在同样的情况下，该模型得出的绕击率比等击距模型是偏小的，比不等击距模型求出的更小。这与实际不相符。

6.2.5　电气几何应用举例

电气几何法已成功应用于输电线路多起雷击事故分析，以青海电网某330kV输电线路应用为例进行说明。

（1）故障概况如下：

6月5日18时11分，330kV官兰线B相跳闸，重合成功。

1）官亭变侧。CSC－103保护分相差动、接地距离Ⅰ段动作，保护测距24.7km；RCS－931保护距离Ⅰ段动作，保护测距24.75km，故障录波测距25.736km。

2）阿兰变。CSC－103接地距离Ⅰ段动作，保护测距33.75km；RCS－931保护距离Ⅰ段动作，保护测距33.2km，故障录波测距36.019km。

（2）经现场勘查结果如下：

发现330kV某线路61号塔右边相（B相）绝缘子、横担侧挂线点、导线侧线夹处有明显烧伤痕迹。具体如图6－5～图6－8所示。

图6－5　330kV某线路61号塔B相（右相）右串导线侧线夹放电痕迹图

图6－6　330kV官兰线61号塔B相（右相）右串绝缘子放电痕迹图

图 6－7　330kV 官兰线 61 号塔
B 相（右相）右串绝缘子
横担侧挂点球头挂环放电痕迹图

图 6－8　330kV 官兰线 61 号塔
B 相（右相）放电
通道示意图

雷电定位系统查询。按照故障线路 330kV 官兰线，查询雷电定位系统。以故障时间 2017 年 6 月 5 日 18 时 11 分为中间时间，时间缓冲区域为 5min，走廊半径为 2km 为条件查询雷电定位系统，在此时间段内共有 1 次落雷记录，为 18 时 7 分 20 秒的 1 次落雷距离 61 号到 62 号最近距离为 487m，雷电流幅值－15.8kA，与故障塔位吻合，故障时间和雷电定位系统时间可能存在偏差（图 6－9）。

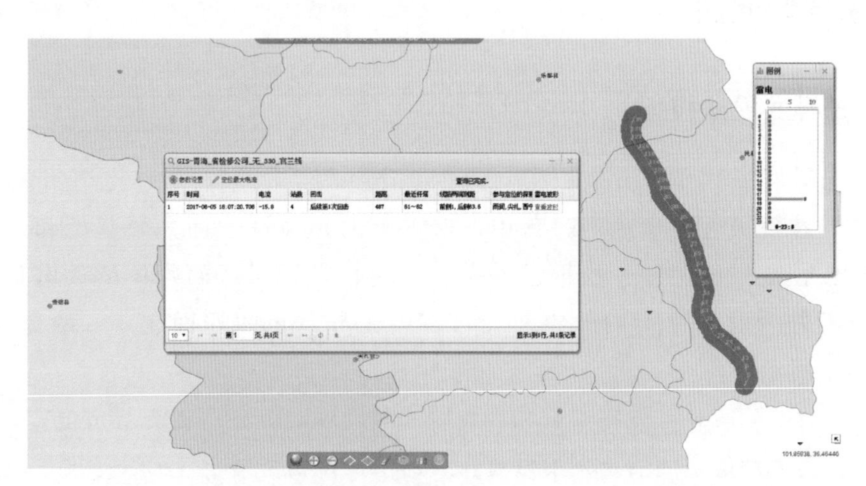

图 6－9　雷电定位系统查询

雷电定位系统查询原理为：由雷云向地面发展的先导放电通道头部到达被击物体的临界击穿距离（击距）以前，击中点是不确定的，先到达哪个物体的击距之内，即向该物体放电；击距仅同雷电流幅值有关；先导对杆塔、避雷线、导线的击距相等。根据以上原理，输电线路周围的空间被划分为 3 个区域（图 6－10）。

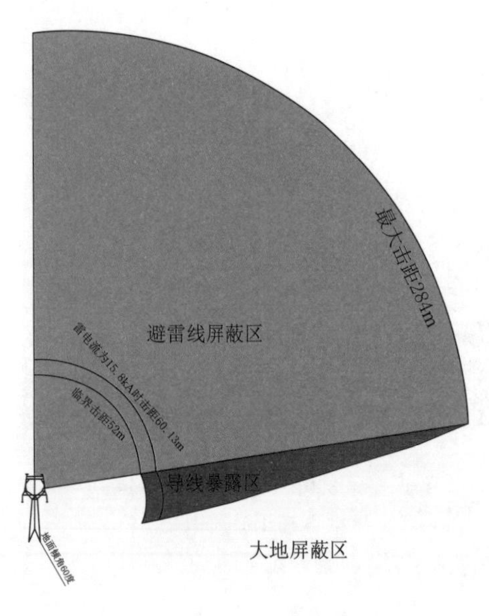

图 6-10　61 号杆塔屏蔽系统图

Whitehead 模型归纳线路的运行统计数据，且未提出确定的击距判据，而是根据统计数据认为对大地、线形物和塔形物的击距一致，其击距公式为

$$\gamma_s = 10I^{0.65} \tag{6-21}$$

计算出此次雷击的击距为 60.13m。

结合杆塔图纸资料，计算得出的最大击距为 284m，线路的临界击距为 52m，某线路 61 号杆塔的屏蔽系统如图 6-10 所示。

当击距在 $\gamma_{s0} < \gamma_s < \gamma_{s\cdot\max}$ 范围内才能绕击导线并造成闪络。如果 $\gamma_{s0} \geqslant \gamma_{s\cdot\max}$ 称该线路为有效屏蔽；若 $\gamma_{s0} \leqslant \gamma_{s\cdot\max}$ 则称部分有效屏蔽线路。因此某线路 61 号杆塔属于部分有效屏蔽线路。导线暴露区如图 6-10 红色区域所示。根据雷电定位系统数据，在故障前后的雷击电流约为 15.8kA，其击距范围如图 6-10 中所标示，存在造成绕击跳闸的可能。

6.3　先导发展法

6.3.1　先导发展法模型

雷电先导发展模型（Leader Progression Model，LPM）是在电气几何模型之上建立的，在负极性雷电地闪过程中，避雷针的正极性迎面先导起始和发展过程是决定其保护范围的关键。根据雷电先导模型，雷云对地面物体的放电从其发展方向上看不外乎由下行雷闪先导和上行雷闪先导（也叫迎面先导）两部分组成，如图 6-11 所示。

雷云在放电阶段，首先在雷云和大地物体间发展电流较小的先导放电，在先导放电贯通雷云与大地的空间后，发展电流较大的主放电。先导自上而下发展，主放电过程发生在地面（或地面物体）附近的放电过程称为下行雷闪。由于大地导电良好，放电发展时电荷供应充分，放电过程来得迅速而猛烈，造成雷电流幅值大（平均值为 30～44kA），陡度高（24～40kA/μs）；上行雷闪是由地面物体发展自下而上的先导放电。先导通道到达云端后，一般没有自上而下的主放电，它的放电电流由不断向上发展的先导过程产生；即使有主放电产生，由于雷云中的导电性远比大地差，因而向主放电通道供应电荷比较困难，放电过程发展缓慢，所以放电电流幅值也比下行雷闪小

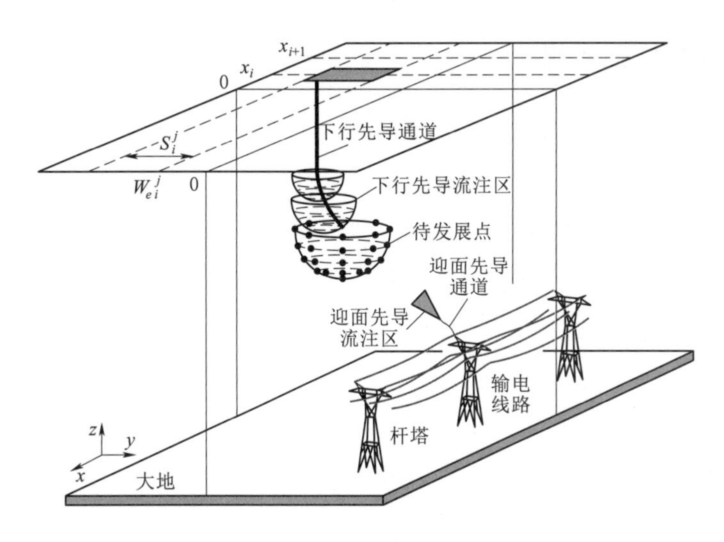

图 6-11　雷电先导模型三维模拟图

(中值为 7kA)，且陡度低（小于 5kA/μs）。

上行雷闪不仅雷击电流幅值小、陡度低而且不绕击。这是因为上行雷闪的先导首先是从地面物体开始自下而上发展的，该先导直接进入雷云电荷中心，或者拦截自雷云向下发展的先导。由于地面上的雷击点早已确定，自雷云向下发展的放电就不会击到被保护对象上。上行雷闪还有另外一个特点是上行先导对地面物体具有屏蔽作用，可减轻放电时在地面物体上的静电感应过电压。

可控放电避雷针，通过巧妙的结构设计，使其能可靠地激发上行雷闪放电，从而达到中和雷云电荷，保护各类被保护对象的目的。

根据雷电先导模型的原理，通过模拟电荷法分析线路雷电绕击的原因在于架空线路导线与地线之间的上行先导发展速度不同。国内已有相关理论计算的文章，通过地线与上相导线在输电横截面上进行上行先导与下行先导的最大发展速度比值，对单回三相输电线路进行落雷风险分析，如图 6-12 所示。可以看出，当线路的侧面落雷时，地线产生的上行先导发展速度较慢（最大速度比仅为 0.37），致使下行先导突破了地线上行先导的拦截，从而击中上相导线，此结果与电气几何法一致。

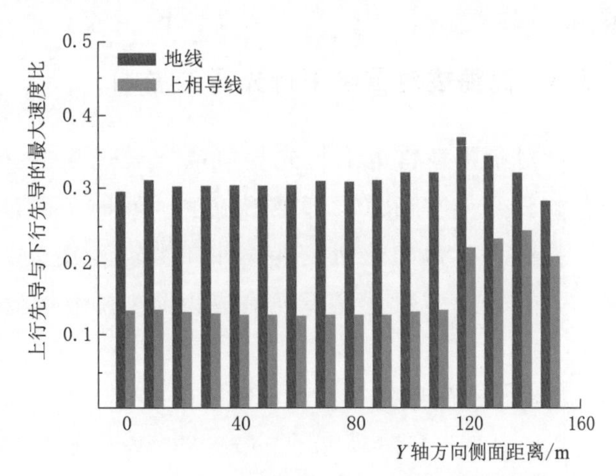

图 6-12　地线与上相导线的上行先导、下行先导的速度比较（Y 为水平方向）

6.3.2 先导发展模型应用

根据雷电先导发展法可以计算地形对杆塔的影响（图 6 - 13）。图 6 - 14 为杆塔位于不同位置时对雷电先导的影响。从图 6 - 14（a）可以看出，先导在山顶地形的影响下偏转很大，这样会导致导线的暴露距离增大，增加输电线路的绕击率。相反，如图 6 - 14（b）所示，由于山谷对导线的屏蔽作用增强，导线的暴露距离很小，在山谷地形下的杆塔的绕击率要小很多。而当杆塔位于山坡时，从图 6 - 14（c）可以看出，靠近山坡一侧的导线的暴露距离要比远离山坡一侧的导线的暴露距离小很多，这主要是由于山坡的屏蔽作用，远离山坡的导线遭受绕击要比靠近山坡一侧的概率大很多。

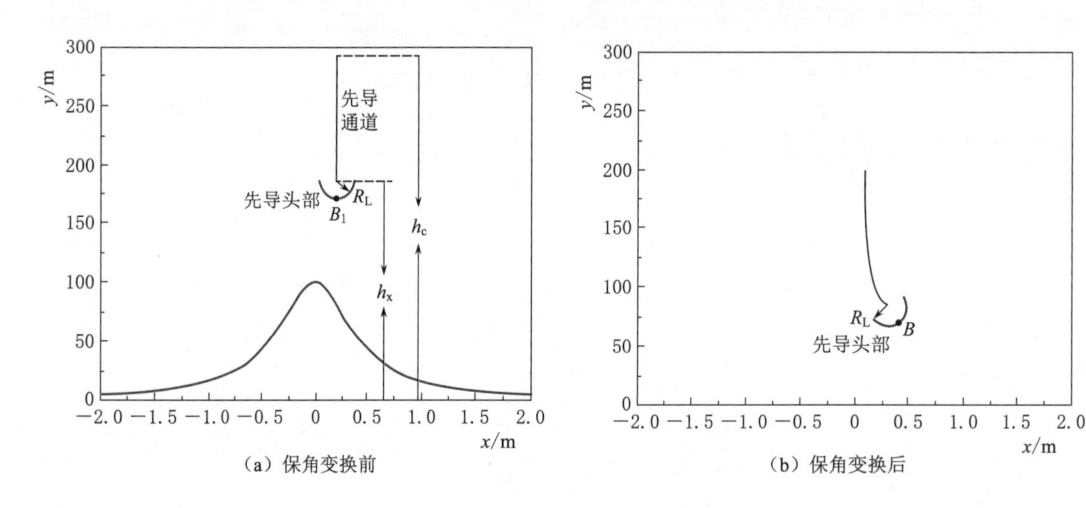

（a）保角变换前　　（b）保角变换后

图 6 - 13　二维先导发展模型

6.3.3 高海拔对雷电下行先导的影响

针对负极性雷电下行先导放电发展过程的光学观测研究表明，先导通道前方出现的先导茎在通道头部锥形流注区域的角度范围内；负极性雷电下行先导在大气中蜿蜒曲折地向地面发展，并产生较多分支，且至少存在一条分支近似垂直于地面，该分支多数情况下发展成为回击主放电通道。雷电下行先导示意如图 6 - 15 所示。

雷电下行先导的产生及发展过程是先导通道前方的流注区域维持流注—先导的转化过程，如图 6 - 16 所示。Petrov 和 Waters 指出，当流注发展到一定长度时转化为先导，且先导持续发展的条件是流注区域的平均电场超过一定值，即雷电先导在大气环境中发展的临界击穿场强。

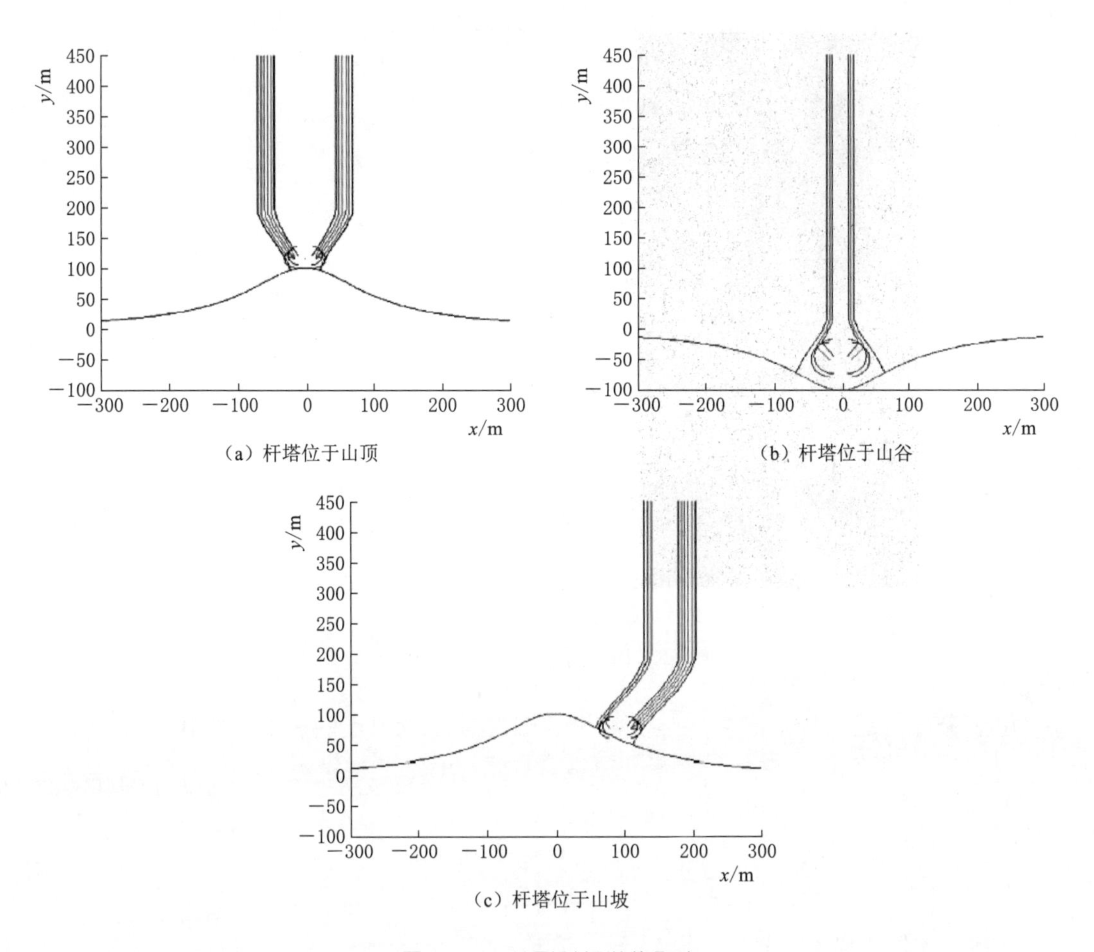

（a）杆塔位于山顶　　（b）杆塔位于山谷

（c）杆塔位于山坡

图 6-14　地形对杆塔的影响

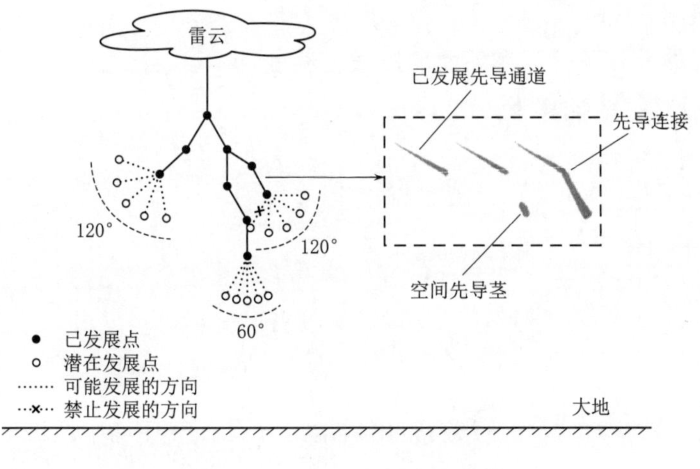

图 6-15　雷电下行先导示意图

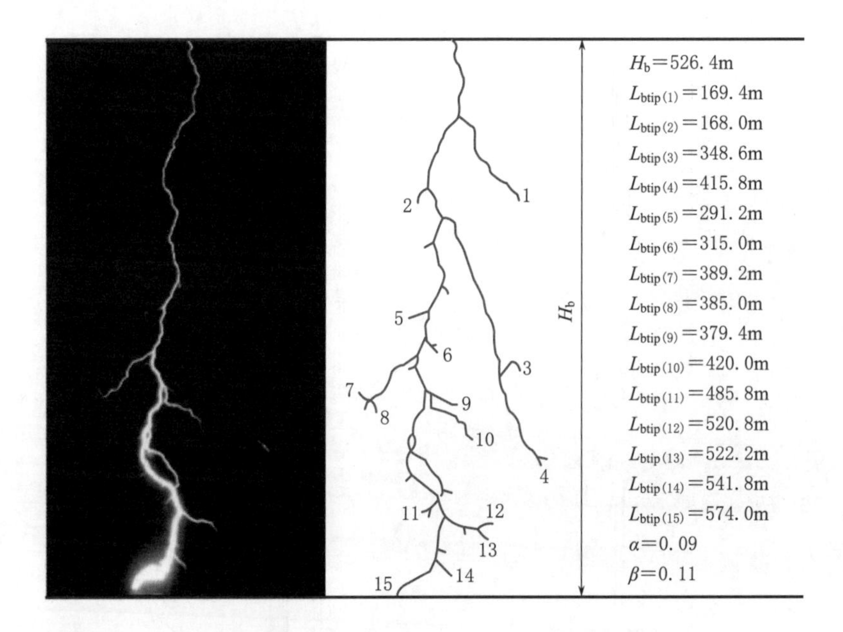

图6-16　雷电下行先导实物

由于流注区域电场强度受压强、温度、湿度等环境因素的影响，得出

$$E_{crit}=425\delta^{1.5}+(4+5\delta)\gamma \tag{6-22}$$

$$\delta=\frac{P}{P_0}\cdot\frac{T_0}{T} \tag{6-23}$$

式中　δ——空气相对密度；

P——空气压强；

T——温度，K；

P_0、T_0——标准大气条件下海平面的压强、温度。

关于大气物理量的计算为

$$P=P_0\exp\left(-\frac{H_L}{8}\right) \tag{6-24}$$

$$T=T_0-6H_L \tag{6-25}$$

$$\gamma=\gamma_0\exp\left(-\frac{H_L}{3}\right) \tag{6-26}$$

根据式（6-22）～式（6-26）得出雷电先导在大气环境中发展的临界击穿场强与其所处海拔的关系（图6-17）。

其函数关系式为

$$E_{crit} = E_{crit0}\exp\left(-\frac{H_L}{5}\right) \qquad (6-27)$$

根据式（6－27）可以得出，雷电下行先导在高海拔地区在大气环境中发展的临界击穿场强相对较低，意味着高海拔先导通道前方的流注区域维持流注—先导的转化过程更容易成功，雷电下行先导更容易且更早形成。因此高海拔地区大气条件对于雷电下行先导的生成起到促进作用。

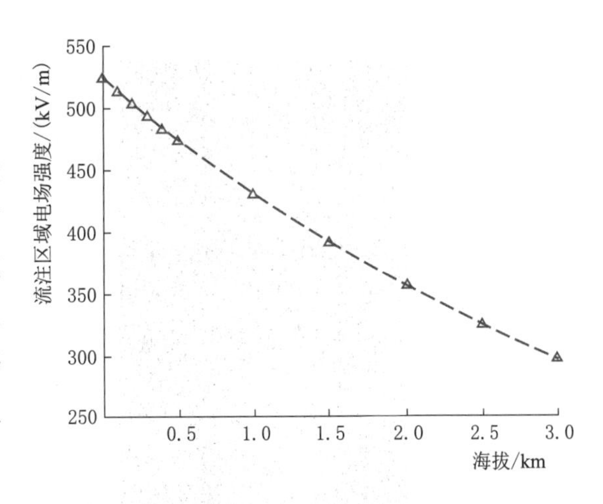

图 6－17　雷电先导在大气环境中发展的临界击穿场强与海拔之间的关系

6.3.4 高海拔对避雷针上行先导的影响

根据先导发展模型，输电线路及避雷针等主要线路防雷设备在雷电先导向下发展过程中，地面物体的表面场强超过临界值时会产生迎面的上行先导。上行先导、下行先导相向发展。当两个先导头部之间满足一定条件时，空气间隙被击穿，雷击便发生。而避雷针所产生正极性迎面先导的起始和发展过程是决定输电线路是否遭受雷击的重要因素。

避雷针产生上行先导分为电晕起始过程、流注发展过程、先导起始过程、先导发展过程 4 个放电物理过程。其中，上行先导的起始判据、上行先导的发展速度研究是上行先导能否成功截击下行先导的关键。

1. 电晕起始过程

在初始电晕起始前，随着避雷针端部附近电场的逐渐增加，由于碰撞电离作用和附着作用，避雷针端部附近会积聚正极性空间电荷。当电荷量足够多时，在其产生的电场作用下会不断出现新的电子崩，以维持电晕的自持发展。由经典流注理论可知，当电极表面附近区域初始电子崩所形成的正极性空间电荷达到某一临界值时，空间电场能够维持二次电子崩的发展，初始电晕起始，可表示为

$$\exp\left(\int_0^R [\alpha(E) - \eta(E)]\mathrm{d}x\right) > N_{cri} \qquad (6-28)$$

式中　α——碰撞电离系数；

η——附着系数；

R——碰撞电离区边界；

x——电子崩头部到电极表面的距离；

N_{cri}——维持电晕自持发展所需要的空间电荷量，一般取 0.55×10^8。

不等式左边为正极性空间电荷量。

2. 流注区起始过程

初始电晕起始后将转化为分枝状流注在间隙中发展，如图6-18所示。根据Gallimberti建立的单根流注通道发展流体简化模型，流注头部的正离子数$N_p(x)$满足

$$N_p(x)=N_p(0)+\frac{2eR+\beta}{4a}[U(0)-E_s x-U(x)] \tag{6-29}$$

式中 R——流注通道头部的半径，m；

$U(0)$、$U(x)$——电极头部和间隙轴线上x处的几何电位，V；

$N_p(0)$——电极头部流注发展初始正离子数目，其临界值等于N_{cri}；

E_s——正极性流注通道平均电场，V/m，$\mu=7.85\times10^{-18}$J为每个电子碰撞电离平均能量损失。

e——电子的电量，$e=1.6\times10^{-19}$C；

β——单位电场作用下每个电子获得的平均能量，$\beta=0.39\times10^{-24}$C·m。

图6-18　流注区实物图

当流注头部产生的正离子数目$N_p(x)$小于初始电晕自持条件N_{cri}时流注停止发展，因此，流注的长度x_s满足

$$U(x_s)=U(0)-E_s x_s \tag{6-30}$$

3. 先导起始过程

流注与先导转化的放电形态的观测结果和示意如图6-19所示。流注分支头部产生的自由电子沿流注分支共同的根部（stem）进入电极。在根部内电子通过与气体分子的弹性和非弹性碰撞，将部分能量传递给气体分子以电子激发能、旋转动能、平动动能和振动动能的形式存储。电子激发能和旋转动能都能在$10^{-10}\sim10^{-6}$s内转化为平动动能，振动动能可以通过分子间碰撞的形式在$10^{-5}\sim10^{-3}$s内转化为平动动能。由于温度是平动动能的外在表征，因此，最终流注先导转换区内气体的温度在电子通过时将逐渐升高，若假设流注分支根部内气体的质量恒定，则流注分支根部内的气体平动动能平衡方程为

$$\frac{7}{2}kn_h\pi r_s^2\frac{\mathrm{d}T_h}{\mathrm{d}t}=(f_e+f_t+f_r)EI+\frac{W_v(T_v)-W_v(T_h)}{\tau_{vt}} \tag{6-31}$$

式中 k——普朗克常数；

n_h——气体分子密度；

r_s——流注分支根部初始半径，m；

E——流注分支根部通道平均场强，V/m，近似等于流注区域的平均场强 E_s；

I——流注分支根部流过的电流强度，A；

T_h——气体的平动动能温度，K；

T_v——气体的振动动能温度，K；

τ_{vt}——振动动能转化为平动动能的时间常数；

f_e、f_r 和 f_t——电子激发能、平动动能和转动动能的分配系数，可取 $f_e+f_r+f_t=0.07$；

$W_v(T_v)$——气体分子振动动能。

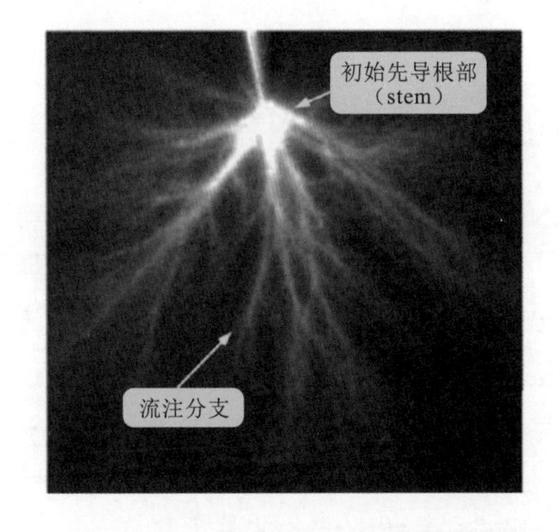

(a) 初始先导起始时放电形态观测结果

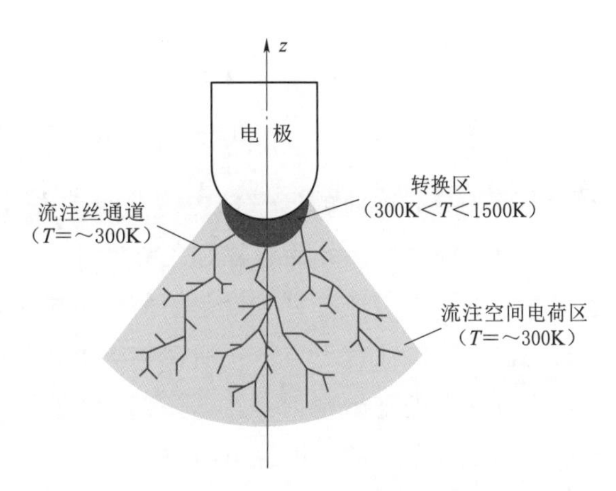

(b) 先导起始时放电空间结构示意图

图 6-19 先导起始观测图及其示意图

对于式（6-31）可以理解为，在流注区根部电子所携带的部分平均动能通过碰撞传递给气体分子，并以气体分子中电子激发能、旋转动能、平动动能和振动动能的形式存储，在提高气体分子平均动能的同时提升气体分子的平均温度。当流注根部的温度达到热电离临界温度 $T_c=1500\text{K}$ 时，负离子在热电离机制作用下将脱附而形成电子和中性分子，流注根部转化区内的电导率将显著增加，可认为此时流注区根部开始转化为初始先导。

4. 先导发展过程

正极性先导发展过程的放电结构如图 6-20 所示。先导前方为流注区，流注区域的温度接近环境温度（约 300K），流注分支共同的根部与先导通道的连接处将形成流注—先导的转换区（Tansition Region），转换区域气体分子的温度介于环境温度至1500K之间，而先导通道内的温度将大于等于1500K，先导通道同时被发展过程中产生的空间电荷所包围。

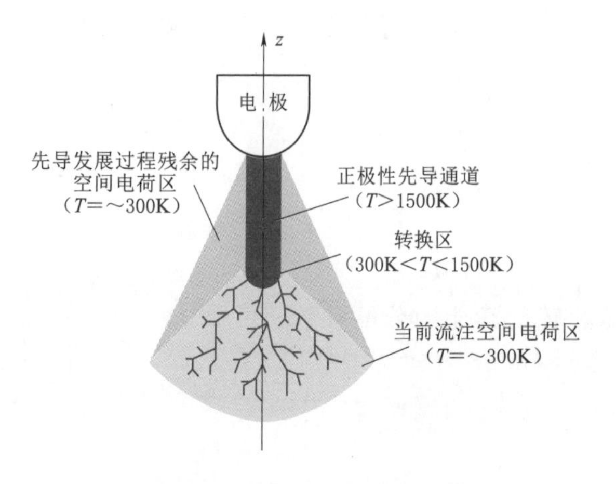

（a）先导发展过程中放电结构示意图

（b）先导发展形态观测结果

图6-20　流注—先导持续发展示意图

由于先导起始前的电晕放电产生的自由电子是流注—先导转化过程的基本驱动力，电晕电荷量可以作为流注莲先导转化判据。而流注莲先导转化所需的临界电荷量还存在争议，本节通过对先导起始前的电晕电流脉冲进行积分，获得其电晕电荷量的分布规律，对流注莲先导转化所需临界电荷量值进行论证。

上行先导的起始判据：20世纪70—90年代，Carrara和Rizk利用正极性棒—板间隙放电试验获得的正极性上行先导特性，并分别提出了用于计算雷电作用下正极性上行先导起始的临界电晕半径法和Rizk公式，然而放电试验中的下行先导特性与自然雷电的上行先导特性存在一定差异，不适用于真实情况。目前的研究中则是通过二次电晕起始的方法判定先导是否起始。

根据正极性先导的发展机制，先导前方的流注发展发生的电离过程会产生电子并汇聚于先导头部通过先导通道注入电极，形成电流，并为先导的生长提供能量。因此，仅以流注完成向先导的转化过程作为判断先导起始的依据是不够的，若先导前方的二次电晕不能起始，新生先导段不能发展，棒电极则没有新的电荷量注入。因此，先导前方的二次电晕起始是先导起始的又一判据。在初始电晕放电过程中，电晕区产生的电子通过流注莲注入电极，并促使了流注莲向先导的转化，空间残留了大量正极性电荷。

二次电晕的起始过程需要考虑，在正极性空间电荷的作用下，流注区的电场由几何背景场强（外施场强）E_b 畸变为流注通道场强 E_s，如图6-21所示。在初始电晕

放电以后，电晕区或是流注莲内某处考虑空间电场后的局部场强为

$$E_s = E_b + E_{sp} \tag{6-32}$$

式中　E_{sp}——空间电荷引起的电场场强。

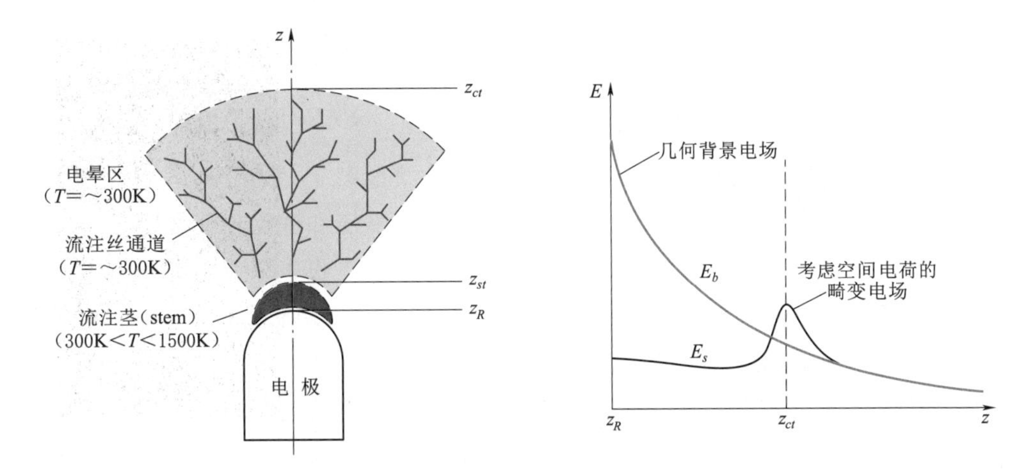

图 6-21　考虑空间电荷影响的畸变电场

故二次电晕的起始判据可表示为

$$\exp\left(\int_{z_1}^{z_2}[\alpha(E_s)-\eta(E_s)]\mathrm{d}x\right) > N_{\mathrm{cri}} \tag{6-33}$$

式中　z_1——新生先导段的头部位置；

z_2——碰撞电离系数等于吸附系数的位置。

由于负极性地闪常发生于高湿度的雷云天气，高湿度气体的碰撞电离系数和附着系数可以表示为

$$\alpha = \frac{P_w}{P}\alpha_w + \frac{P-P_w}{P}\alpha_d \tag{6-34}$$

$$\eta = \frac{P_w}{P}\eta_w + \frac{P-P_w}{P}\eta_d \tag{6-35}$$

式中　P_w——气体中水蒸气产生的气压；

P——气体压强；

α_w、α_d——水蒸气和干燥空气中的碰撞电离系数；

η_w、η_d——水蒸气和干燥空气中的附着系数。

$$\alpha_w/P = 0.001\times(E/P)^2 - 0.06\times(E/P) + 1.0 \tag{6-36}$$

$$\alpha_d/P = 4.7786\times \mathrm{e}^{-221/(E/P)} \tag{6-37}$$

$$\eta_w/P=\begin{cases}-3.67\times10^{-4}\times(E/P)^2+0.026\times(E/P)-0.2732\rightarrow\\ \quad E/P\leqslant38.5\text{V/(cm}\cdot\text{Torr)}\\ -2.5\times10^{-5}\times(E/P)^2-2.5\times10^{-4}\times(E/P)+0.235\rightarrow\\ \quad E/P>38.5\text{V/(cm}\cdot\text{Torr)}\end{cases}\quad(6-38)$$

$$\eta_d/P=0.87\times10^{-5}\times(E/P)^2-0.54\times10^{-3}\times(E/P)+0.01298\quad(6-39)$$

得出标准大气压下的碰撞系数和附着系数的曲线如图6-22所示。

通过考虑空间电荷的局部场强根据初始电晕起始电压和施加电压计算最终畸变电场，并计算先导头部前方的净电荷数，判断先导前方的二次电晕是否起始，若二次电晕起始，则正极性迎面先导起始。得出相应数据如图6-23所示。由于初始电晕起始过程计算中使用的是几何背景场强，而二次电晕使用的是在正极性空间电荷的畸变电场与几何背景电场的合成电场，在相同大气压下碰撞电离系数和附着系数与场强密切相关，因此两者在相同大气压下，迎面先导起始电压与初始电晕起始电压基本呈线性关系。

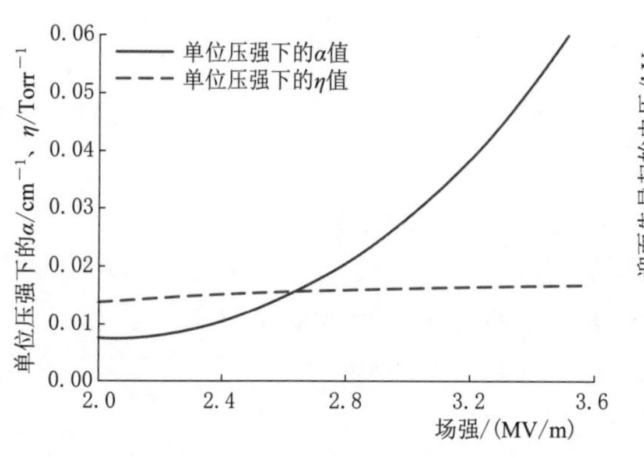

图6-22 标准大气压下的碰撞系数和附着系数的曲线

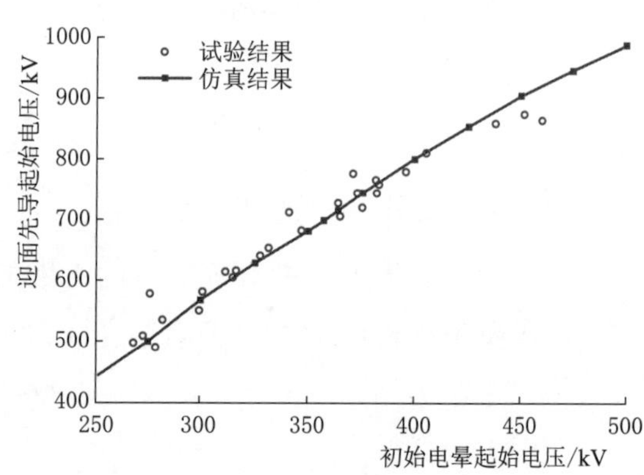

图6-23 迎面先导起始电压与初始电晕起始电压的曲线

根据式（6-36）～式（6-39）可以看出，碰撞电离系数和附着系数压强密切相关，因此在高海拔地区大气压强小，碰撞系数和附着系数也相对变大，因此导致在空间电荷量积分限定为0.55×10^8，外施电场不变时，必然会导致碰撞电离区边界增大、电离过程加快，先导形成的临界场强更低，上行先导更容易且更早形成，因此高海拔地区对雷电上行先导的形成也起到一定的促进作用。

上行先导的发展速度：在之前的雷电屏蔽分析模型中，认为上行先导发展速度主要与下行先导发展速度有关，且成固定的比例。但是根据最新相关科研成果得出，上行先导速度与下行先导的速度没有必然的联系，如图6-24所示，3条曲线分别为不同下行先导速度下上行先导的速度，可以看出 3 条曲线基本走势重合在一起，因此之前的分析模型不成立。

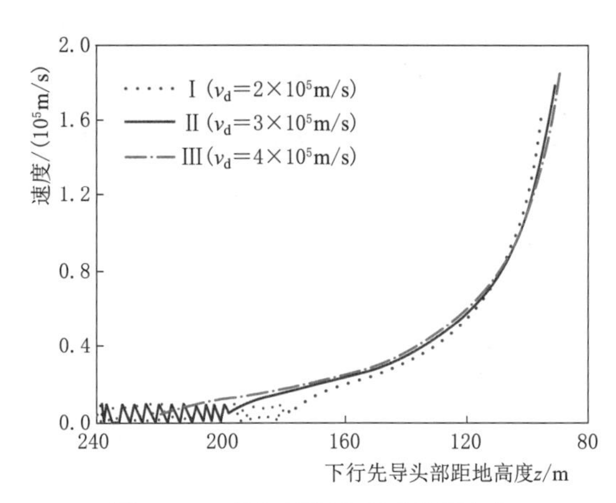

图 6-24 不同下行先导速度下上行先导的发展速度

经过研究发现，上行先导的发展速度是与上行先导电流有直接的联系，长空气间隙放电试验获得的先导电流幅值从 0.5～5A 不等，根据电流大小分区间近似拟合。

(1) 先导电流 $I<0.3$A 时

$$v=I/25\times10^{-6} \tag{6-40}$$

(2) 0.3A<先导电流 $I<2$A 时

$$I=\frac{50\times10^{-6}+10^{-9}v(1+v/10^4)}{1+90/(1+3.2\times10^{-3}v)} \tag{6-41}$$

(3) 先导电流 $I>2$A 时

$$v=\frac{a_1b_1+c_1I^{d_1}}{b_1+I^{d_1}} \tag{6-42}$$

其中，$a_1=189.40$，$b_1=35.91$，$c_1=5.59\times105$，$d_1=0.66$。

6.4 防雷装置应用

6.4.1 避雷器

避雷器是用来限制过电压的一种主要保护电器，又叫过电压限制器，其作用是把已侵入电力设备、信号传输线的过电压限制在一定范围之内，保证用电设备不被高电压冲击击穿，是发电厂变电站内设备、线路防雷保护的基本保护措施之一。通常避雷器接在系统与地之间，与被保护设备并联。在正常运行电压下，氧化锌电阻阀片呈现极高的电阻，通过其电流只有微安级；当系统出现危害电器设备绝缘的过电压时，由于氧化锌电阻阀片的非线性，避雷器两端的残压被限制在允许值之下，并且吸收过电压能量，从而保护了电器设备的绝缘。

避雷器根据结构分为保护间隙，排气式避雷器、阀型避雷器，金属氧化物避雷器，而金属氧化物避雷器是目前主要的避雷器类型，该避雷器伏安曲线说明如图 6-25 所示。其优点主要如下：保护性能优越——残压低、相应时间快、陡波特性平坦；无续流，动作负载轻，耐重复动作能力强；通流容量大；性能稳定，抗老化能力强；结构简单，尺寸小，易于批量生产，造价低。

金属氧化物避雷器中以氧化锌（ZnO）避雷器的伏安曲线更加接近理想避雷器，对设备的过电压防护效果更为有效，氧化锌避雷器的普遍结构如图6-26所示。

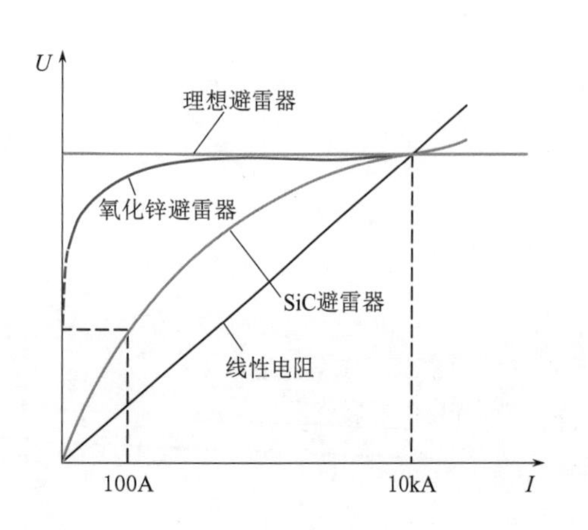

图6-25　金属氧化物避雷器 $U-I$ 曲线

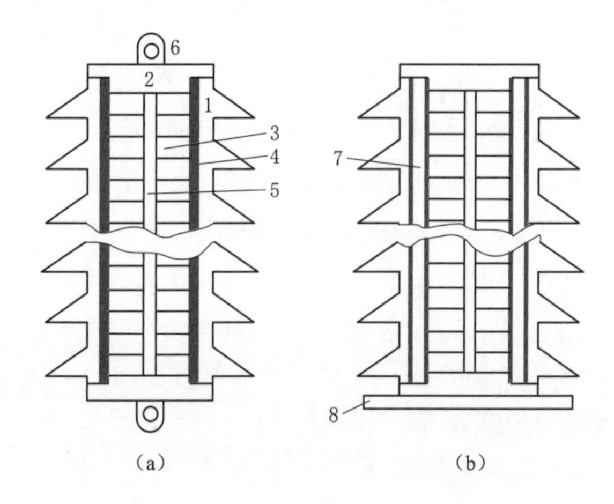

图6-26　氧化锌避雷器的普遍结构

1—硅橡胶裙套；2—金属端头；3—ZnO阀片；4—高分子填充材料；5—环氧玻璃钢芯棒；6—吊环；7—环氧玻璃钢筒；8—法兰

氧化锌避雷器采用的核心部件是氧化锌压敏电阻阀片，其以氧化锌为主体，适当添加其他金属氧化物，经专门加工成细粒并混合搅拌均匀，再经烘干、压制成工作圆盘，在1000℃以上的高温中烧制而成。典型氧化锌压敏电阻的显微结构包括氧化锌主体、晶界层、尖晶石晶粒以及一些孔隙等部分，氧化锌主体的电阻率为0.001～0.1Ω·m，由尺寸为10～30μm的氧化锌的晶粒组成，固溶有微量Co的Mn等元素，晶界层是由许多添加成分组成，在低电场区其电阻率很大，在高电场区，晶界层将导通。这便是氧化锌电阻阀片的非线性曲线的由来。氧化锌避雷器电气性能上由一个或并联的两个非线性阀片叠合圆柱构成。根据电压等级由多节组成，35～110kV氧化锌避雷器是单节的，220kV氧化锌避雷器是两节的，500kV氧化锌避雷器是三节的，而750kV氧化锌避雷器则是四节的。

氧化锌压敏电阻阀片在实际应用中最为重要的性能指标是其电压与电流之间的非线性关系，即伏安特性，典型氧化锌阀片的伏安特性如图6-27所示，该特性可大致划分为小电流区、限压工作区和过载区三个工作区。

图6-27中，氧化锌压敏电阻阀片的非线性曲线可以表示为 $U=CI^{\alpha}$，其中，非线性系数 α 与电流密度有关，一般为0.01～0.04，在大的雷电流下，α 也不大于0.1。

在小电流区，阀片中电流很小，呈现出高阻状态，在系统正常运行时，氧化锌避雷器中的压敏电阻阀片就工作于此区；在限压工作区，阀片中流过的电流较大，特性曲线平坦，动态电阻氧化锌压敏电阻阀片比较小，压敏电阻发挥对过电压的限压作

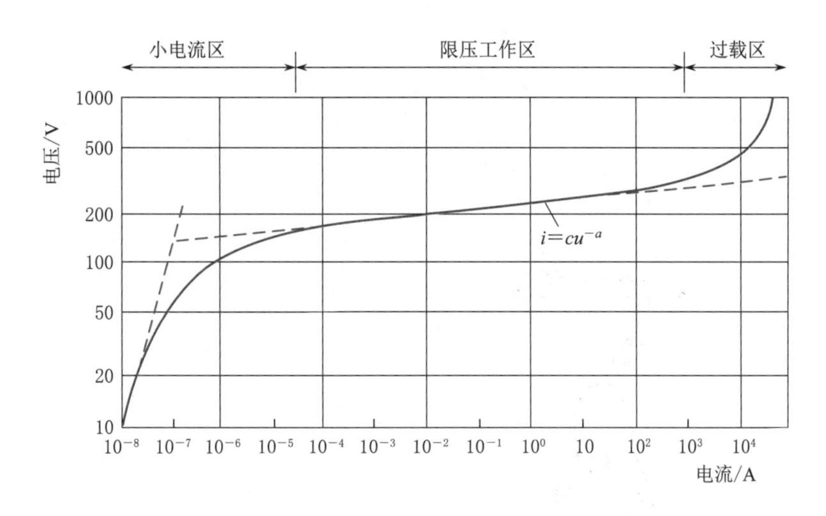

图 6－27　氧化锌压敏电阻阀片非线性曲线

用，在此区内的非线性指数为 0.015～0.05；在过载区，阀片中流过的电流很大，特性曲线迅速上翘，电阻显著增大，限压功能恶化，阀片出现电流过载。

金属氧化物避雷器使用性能的主要受影响因素如下：①操作过电压；②雷击过电压；③阀片受潮；④阀片老化；⑤阀片劣化。

6.4.2　避雷针

常规避雷针是“富兰克林式”避雷针（也称为接闪器、接闪杆等）。其特点是通过引下线接入地下，与地面形成电位差，利用自身的高度，使电场强度增加到极限值的雷电云电场发生畸变，开始电离并下行先导放电；避雷针在强电场作用下产生尖端放电，形成向上先导放电；两者会合形成雷电通路，随之电流泻入大地，使被保护物达到避雷效果。实际上，避雷针是引雷针，其可将比较靠近的雷电引来并将雷电电流通过自身的接地导体传向地面，避免保护对象直接遭受雷击。

可控避雷针利用避雷针在强电场作用下会引发形成上行先导放电的机理基础之上，通过储能元件激发更强的上行先导，做到更好的迎闪作用。而储能元件的工作机理是当天空中有雷云产生时，雷云中的电荷密度很高（以负电荷为例，实际中也是以负电荷为主），主针尖上则会积聚大量的正电荷，储能元件的上半球由于与主针是同一金属连接，所以上半球会积聚大量的负电荷，而储能元件下半球则是与接地网联通，这样就会在球隙上下形成地—负极的内部电场，如图 6－28 所示，内部电场场强设置球隙触发阈值，间隙被击穿形成向空气延伸的电弧转化为上行雷，如此强的上行雷可以中和雷云中的云电荷或者主动迎闪雷电下行先导，达到主动防雷的最终目的。

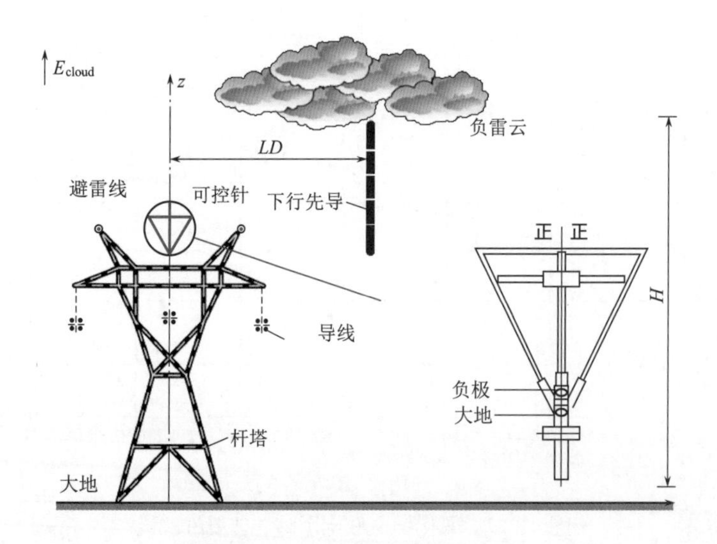

图 6 - 28　避雷针原理示意图

因此可控避雷针存在工作前和工作时两个状态，如图 6 - 29 所示。状态 1：在雷云电场较低时，不可能有对地雷击发生，避雷针不需要进入准保护状态。此时，储能装置通过针头接收雷云电场能量，针头电位处于浮动状态与周围大气电位差小，因此针头上部的电场比较均匀，其等位线分布如图 6 - 29（a）所示，避雷针几乎没有电晕。状态 2：当雷云电场上升至某个临界值，超过这个临界值的电场通常是被认为有可能发展自雷暴云至地面的放电，我们将其定为避雷针进入准保护状态的阀值。此时，储能元件向针本体释放储存的能量，使针体电位产生跳跃式突升。由于针头的结构配置，均压环的电位将瞬时保持原有的电位不变，而使针点附近电场严重畸变，针尖顶部电场强度剧烈上升［等位线如图 6 - 29（b）所示］，一个突发式的放电在没有任何空间电荷阻碍的情况下自针尖顶部向上发展。

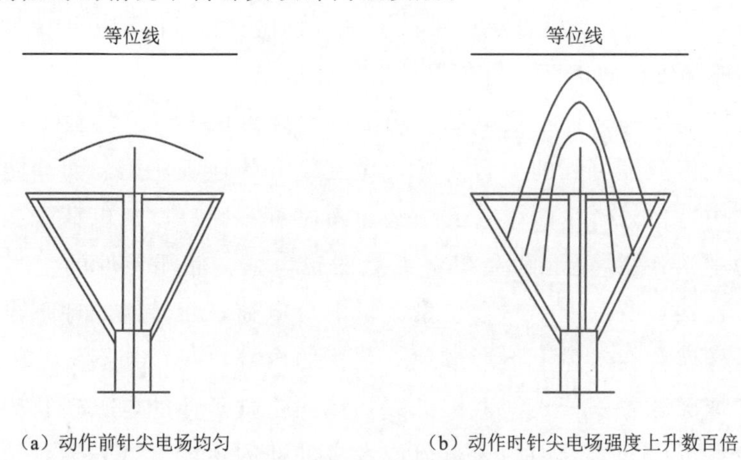

（a）动作前针尖电场均匀　　（b）动作时针尖电场强度上升数百倍

图 6 - 29　避雷针的两种状态

关于可控避雷针可控部分，主要是如下两个方面：①放电场强阈值；②放电时机。

关于放电场强阈值，通常的主针针尖是半椭球形的，存在长半轴 a 和短半轴 b 两个基本参数，而通过对主针针尖处的电场分析，针尖处的电场表示为

$$E = KE_a \frac{c^3}{a(a^2 - c^2)(\mathrm{arth}c/a - c/a)} \tag{6-43}$$

其中
$$c = \sqrt{(a^2 - b^2)}$$

K 值也是 a、b 的相关函数，E_a 为环境电场；从式（6-43）得知，如果能够利用电气的手段瞬时地改变避雷针的尺寸（即 a 和 b 的尺寸），就能达到控制避雷针针头电场的目的，控制针头的电场强度也就可以控制放电的发展。

放电时机也至关重要。启动太早，由于环境电场尚不成熟，成功率低。启动太晚，则可能使绕击率上升，保护范围缩小。根据普通避雷针引雷的成功经验，以地面场强 10～20kV/m 最为理想。此时，雷云下部的电场已足够高，但又尚未达到自云底发展向下先导的程度，有利于使向上发展的放电转换成向上先导。

可控避雷针与普通避雷针的比较如下：

（1）引雷能力的不同。由于常规避雷针主动引雷效果不强，更接近被动式地泄放雷电流，因此常规避雷针会引起感应过电压，在强大的雷电流（数十至数百千安）以极快的速度（微秒级）沿避雷针及引下线进入地中的过程中，会在被保护物上形成感应过电压而造成事故，对露天堆场内的用电、配电设备引起不必要的跳闸等现象的发生。而主动式避雷针在高度与常规避雷针一致的前提下，自身利用产生突发的向上先导来发挥保护作用，这种向上先导可以直接发展到云中形成上行雷，也可以在空中与正在发展的下行先导相拦截，形成连接先导，因而可使雷击时的大电流转化为小电流，降低雷击电流的陡度和减少绕击，减小了感应过电压的产生概率，同时引雷的能力也较常规避雷针大为增强。

（2）是否有反击现象发生。常规避雷针把雷电引到自身的顶部后，其强大的雷电流在入地时，如果接地电阻和引下线的阻抗过高或是避雷针对保护物之间的距离小于安全距离时，会形成高电压，造成避雷针及引下线对被保护物的反击。而主动式避雷针用产生突发的向上先导来发挥保护作用。这种向上先导可以直接发展到云中形成上行雷，也可以在空中与正在发展的下行先导相拦截，形成连接先导。因而可使雷击大电流转化为小电流，降低雷击电流的陡度，使雷电流“持续不断”的泄放，从而避免了避雷针对被保护物的反击。

（3）放电时间不同。避雷针要产生向上先导，必须在其针尖有足够的空气电离，产生大量离子。常规避雷针是将雷云所带的带电电荷（一般雷云 80%～90%所带的是负电荷）引到避雷针针尖，并导引入地，将雷云的雷电能量（也即带电电荷）导泄

掉，因此常规避雷针的向上先导触发时间相对较长。而预放电式避雷针特殊的电离过程，使之能比其他临近点提前产生向上先导，从而达到预先放电的目的，也就是主动式避雷针具有较短的向上先导触发时间。由预放电时间的存在间接证明了雷电先导理论中上行先导的正确性。

（4）保护范围不同。根据规程法，常规避雷针的计算方法是“折线法”，如图6－30所示，被保护物的顶端就是“折线法”的拐点。

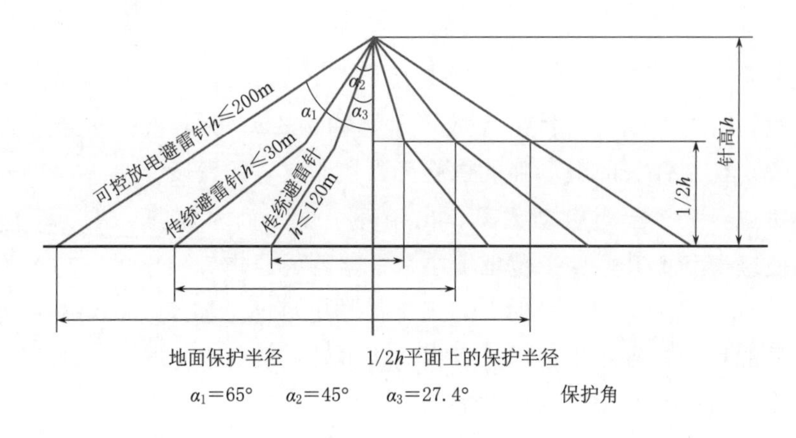

图6－30 传统避雷针与普通避雷针的保护范围比较

由图6－30、图6－31可知，可控放电避雷针的保护特性明显优于富兰克林避雷针。

1）可控放电避雷针有一个相当大的几乎不遭受绕击的保护区域。如当绕击概率不大于0.001%时（显然在这样的绕击概率下，被保护对象遭绕击的可能性是相当小的），保护角度高达55°，相比之下富兰克林避雷针实际上几乎没有不受绕击的区域。

2）当被保护对象遭受绕击概率允许达到0.1%（目前规程规定的允许值）时，可控放电避雷针的保护角达到66.4°，而富兰克林避雷针的保护角远远低于此值。

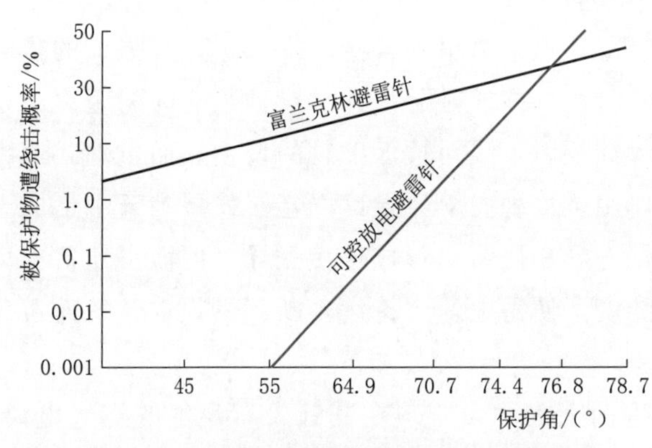

图6－31 可控放电避雷针保护角与被保护物绕击概率之间的关系

一方面根据电气几何模型法（在相同的保护角的输电线路中，线路高度越低，遭到雷电绕击的概率越大），输电线路在档距方向上是呈“马鞍形”分布的。避雷针安装在杆塔的塔头，雷电绕击概率大的区域被避雷针控制在保护范围内（图6－32），因此起到了防雷效果。另一方面可控针的保护范围在杆塔塔头某特定范围内，无法保护挡距中央免受雷击，故针对不同挡距的输电线路，可控针的保护效果也将不同。可控避雷针不适用于挡距过大（大于 400m）的线路。

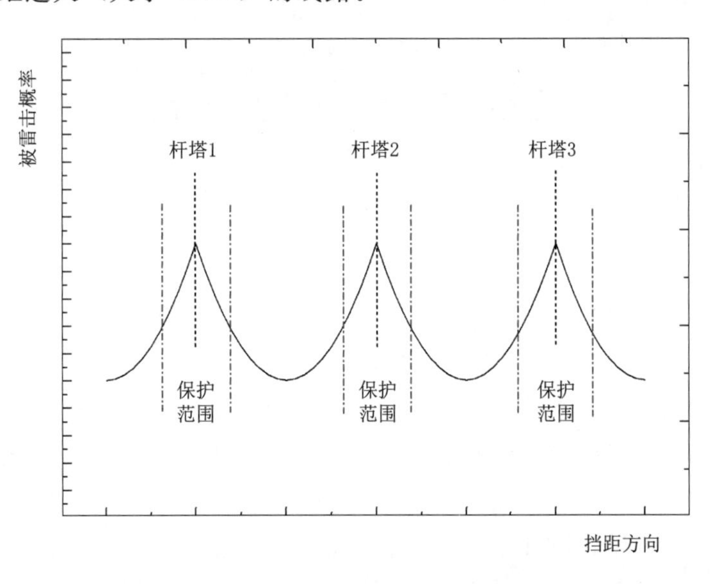

图 6－32　避雷针保护范围示意图

第7章

绝缘子防污闪涂料

为了解决电力系统污闪问题，国家电网有限公司自1986年起应用“RTV硅橡胶涂料应用技术”，并取得了成功。但由于RTV属于有机材料，在复杂的大气、电磁场环境下容易发生老化，憎水性等性能会降低，不能再发挥其应有的提高外绝缘污闪电压的作用，进而直接威胁电力系统的安全运行。高海拔地区自然环境气候条件较为恶劣，平均海拔在3000m以上，空气稀薄，大气压偏低，来自太阳的紫外线辐射强烈，昼夜温差大，干旱少雨，风沙尘暴天气肆虐，较之平原地区RTV防污闪涂料可能更易老化。因此需要研究针对高海拔地区的绝缘子防污闪涂料。

7.1 现场防污闪涂层性能分析

7.1.1 憎水性、憎水迁移性分析

现场取样的涂层需要对其进行憎水性分析，如果水分在绝缘材料表面以孤立的小水珠的形式而不是以连续的水膜存在，那么绝缘材料的表面就难以构成导电通路，这样的材料就具有憎水性。而对现场取样进行分析，憎水性通常是用静态接触角来表示的，一般情况下，静态接触角越大，憎水性越好。静态接触角大于90°的材料，则称其具有憎水性，新型的RTV防污闪涂料的静态接触角就要大于100°，静态接触角小于90°的材料，则称其具有亲水性。

由于RTV防污闪涂料具有憎水迁移性，所以当空气中的灰尘等污秽物飘落到涂层表面时，使得这些污秽物也具有良好的憎水性，因而这些污秽物也不会被雨水或者雾水所湿润，不会被离子化，从而抑制了泄漏电流，极大地提升了绝缘子的防污闪能力。影响RTV憎水迁移性的因素有很多，如温度、附灰密度、附盐密度、涂层厚度、附灰频率、涂层运行时间等。有研究曾设计实验研究影响RTV憎水迁移性的因素，实验结果证明温度越高憎水性迁移速度越快，涂层厚度在0.3mm时对迁移速度基本没有影响，盐密对迁移速度影响不大，灰密在$2.2mg/cm^2$以下时憎水性很容易迁移到污层表面。

静态接触角的测量方法有影像分析法、插板法、透过测量法（主要是粉体接触角）和力测量法（有时也称为 Tensiometry，即使用表面张力测量方法测试接触角值）等，最常用的两种测试方法为影像分析法和力测量法。其中，影像分析法用于分析一个测试液静滴（通常液滴为 4～7μL）在绝缘材料表面后的角度的影像；力测量法是用称重传感器测量固体与测试液间的界面张力，通过换算得出接触角值。

（1）影像分析法。影像分析法是通过滴 1 滴满足体积要求的液体于绝缘材料表面，通过影像分析技术，测量出液体与固体表面的接触角大小的简易方法。影像分析法所需要的条件有光源、样品台、镜头、图像采集系统、进样系统等。标准的影像分析系统会采用 CCD 摄像和图像采集系统，同时，通过软件分析接触角值。

（2）插板法。也称倾板法，其原理是固体板插入液体时，只有板面与液体的夹角恰好为接触角时液面才直平伸至三相交界处，不出现弯曲。否则，液面将出现弯曲现象。因此，改变板的插入角度直至液面三相交界处附近无弯曲，这时，板面与液面的夹角即为接触角。斜板法避免了作切线的困难，提高了测量的精度，但突出的缺点是液体用量较多，这在许多情况下妨碍其应用，且只能测试接触角小于 90°的样品。

（3）透过测量法。也称 Washburn 法（Washburn Method）主要用于测量粉体接触角等。其基本原理是在装有粉末的管中，固体粒子间的间隙相当于一束毛细管，毛细作用使可润湿固体粉末表面的液体透入粉体柱中。由于毛细作用取决于液体的表面张力和对固体的接触角，故测定已知表面张力液体在粉末柱中的透过性可以提供液体对粉末的接触角的知识。在具体应用中，又分为透过高度法（又称透过平衡法）和透过速度法两种。

7.1.2 傅里叶光谱分析

傅里叶红外光谱（FTIR）能够对金属离子与非金属离子成键、金属离子的配位等化学情况及变化进行表征，同时对绝缘材料的特征官能团变化进行分析。在红外光谱图中，横坐标一般用波长（μm）或波数（cm^{-1}）表示，而纵坐标根据需要可设置成百分透射率或吸光度（A）表示，根据光谱图中吸收峰的位置和现状则可定量描述特征峰基团的变化。

现场取样的涂层需要对其进行傅里叶红外光谱分析，考虑到实际 RTV 防污闪涂料产品更新换代的因素，为了更科学地对涂层运行性能进行分析，采用将涂层内面（贴附于绝缘子表面）与外面（暴露于大气中）进行对比的分析方法，获取特征官能团的变化情况。取样的 RTV 涂层 FTIR 图谱实例如图 7－1 所示（以下曲线图均由

Origin 汇制而成）。

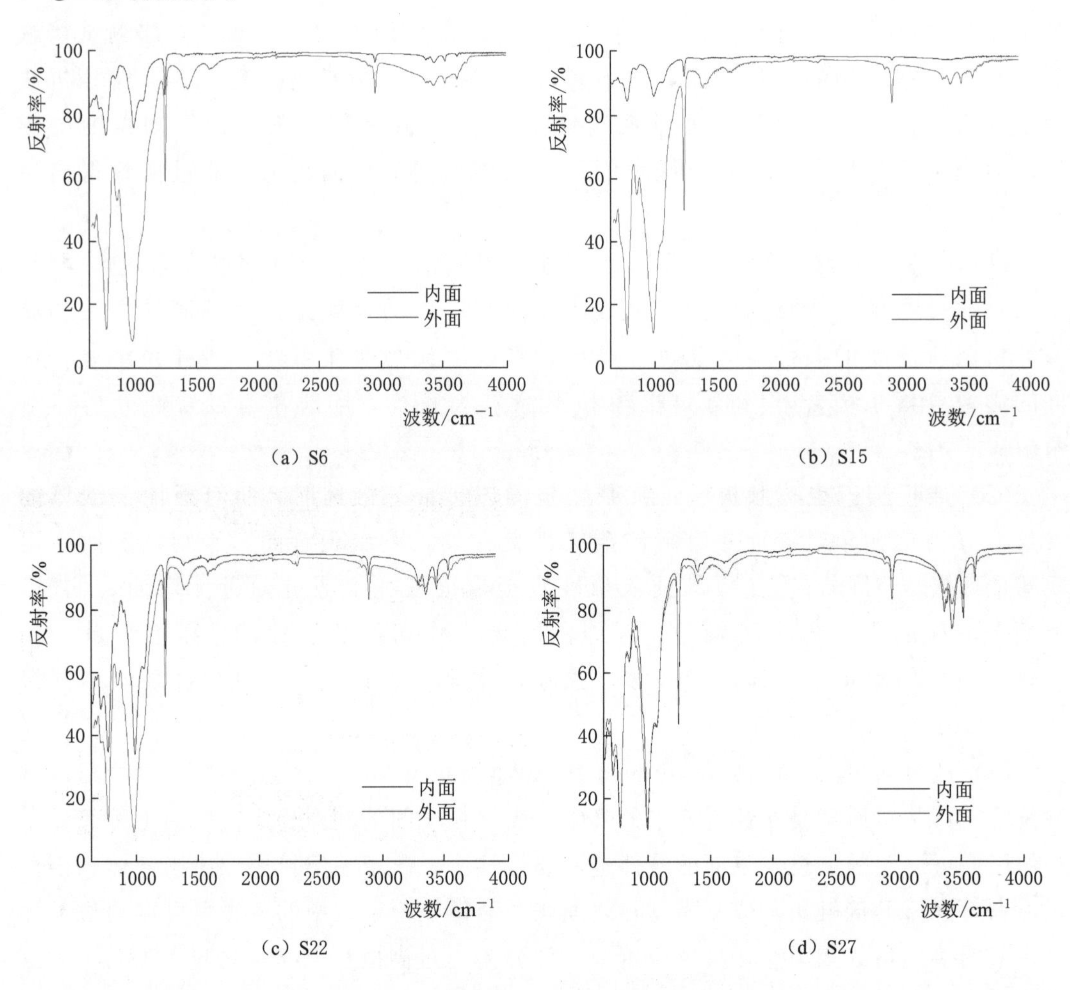

图7-1 取样的RTV涂层FTIR图谱实例

7.1.3 扫描电镜分析

现场取样的涂层需要对其进行扫描电子显微镜形貌测试，主要用于观察纳米粒子的形貌、分散情况并对其粒径进行定量测量，同时可从低、中和高等倍数对试样的表面形貌进行微观表征和分析。

选取4个不同变电站涂层取样SEM图为例，如图7-2所示。SEM图显示表面粗糙，呈堆砌的连续片状物或块状物，片状物或块状物之间较多微裂纹。该SEM图显示的微观形貌结合憎水性分析的结果，防污闪涂层具有优异的憎水性主要有以下两个原因：

（1）适宜的环境温度下此粗糙的结构使得LMW容易进入，较大的缝隙使LMW

受到“挟持”而停留其中，容易使表面获得较好的憎水性。

（2）微粗糙结构使得表面易形成类似荷叶表面的微凸起结构，其接触角比光滑表面更大，符合 Wenzel 模型和 Cassie 模型的特点。

7.1.4 污闪电压

通过污闪试验对绝缘子防污闪涂料的性能进行对比，可得出相应防污闪涂料的实际应用效果。以下举例来说，现场运行 3 年的 XP－160 绝缘子、运行 5 年的 XWP2－100 绝缘子和运行 5 年的 XWP2－70 绝缘子进行污秽闪络电压测量，如图 7－3 所示，并与未涂防污闪材料的 XP－160 和 XWP2－100 的闪络电压进行对比，对比得出现场使用绝缘子的防污闪涂层的使用性能。

（a）S6　（b）S15

（c）S22　（d）S27

图 7－2　取样的 RTV 涂层 SEM 图

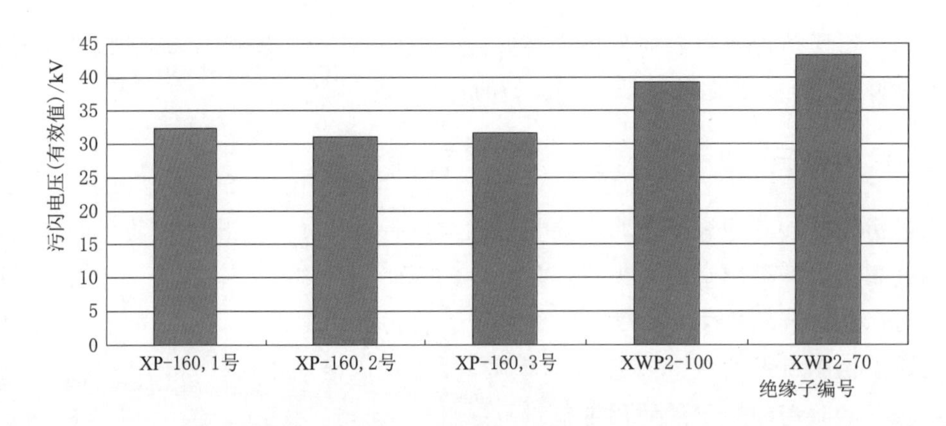

图 7-3 绝缘子污闪电压

7.2 RTV 防污闪涂料加速老化试验

7.2.1 电老化

7.2.1.1 电晕老化

电晕老化试验系统原理如图 7-4 所示。针电极为不锈钢材质，针尖曲率半径约 0.05mm，接地板电极也为不锈钢材质。本试验中，对针板电极分别施加 8kV、10kV、12kV 交流电压，每个电压下分别取电晕老化 1d、2d、3d、4d 后的试样进行比较。选用盲样一作为试样，将硫化好的试样剪裁至 5cm×5cm，采用无水乙醇和去离子水依次对试片表面进行处理，然后置于防尘容器中 24h 干燥后，放置在针板电极中进行电晕老化。将老化后的试样取出并进行分析。

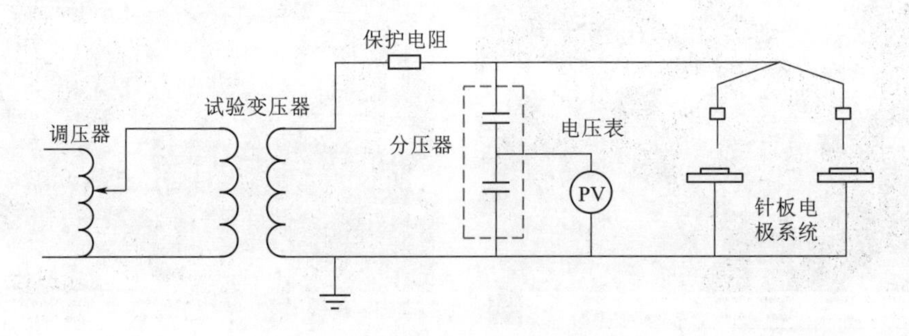

图 7-4 电晕老化试验系统原理图

电晕放电过程中，试验装置和材料会产生相应的光学变化和化学变化，暗室内针电极处可见微弱的电晕光，安静环境下可听见明显的“哧哧”声。电晕放电会产生一定量的带电粒子，这些粒子尤其是电子在外加电压形成的电场作用下将获得一定动能，连续的电晕轰击将导致硅橡胶表面出现变化，硅橡胶电晕作用后的形貌受电晕施加电压和作用时间 t 的影响。

1. 外观检查发现

试样在老化后，可以明显看出表面有一圈黑色物质析出。原因是电晕放电产生的电子束长时间轰击其表面累积的结果，电晕环的半径和颜色基本可粗略反映各试样的电晕老化程度，电晕环直径越大、晕圈颜色越深可认为硅橡胶的老化程度相对越严重。

2. 憎水性

对老化后的试样进行憎水性试验，并分析电晕老化对其憎水性的影响。在对RTV 试片分别进行 8kV、10kV、12kV 的电晕老化后，将试样采用金属铜电极接地 2min，然后在防尘容器中静置，由于 RTV 试样具有憎水恢复特性，故在静置时间内进行憎水性测试，将每个试样正对针尖的中心点附近取 3 个点，每组数据的 3 个接触角求其平均值后，作图如图 7-5 所示。

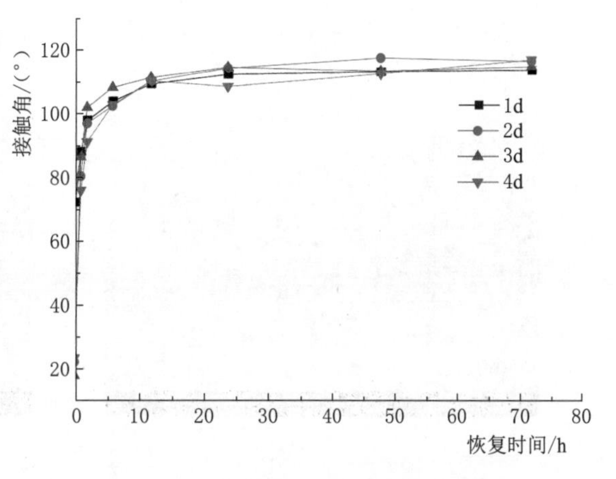

图 7-5 接触角与恢复时间的关系图
(以施加电压 8kV 为例)

可以发现，在 8kV 施加电压时，试样的憎水性仍然可以恢复到 100°以上时的状况，这说明硅橡胶具有良好的憎水恢复性。

3. 微观形貌

采用扫描电镜对试样表面进行分析，结果如图 7-6 所示。

可以看出，电晕老化对 RTV 表面的影响较大，电晕放电伴随的高能量电子和离子束不断轰击硅橡胶表面，持续机械破坏的作用导致硅橡胶表面产生裂纹，裂纹在硅橡胶内部的发展趋势呈纵深和横向方向同时进行。

4. 表面特性

对电晕老化后的 RTV 试片进行红外光谱分析，结果如图 7-7 所示。

通过红外光谱分析可以看出，随着老化时间的增加，$Si—CH_3$ 基团含量增加，且在 $1200cm^{-1}$ 到 $1700cm^{-1}$ 区间产生新的吸收峰。电晕对 RTV 化学结构影响较大。

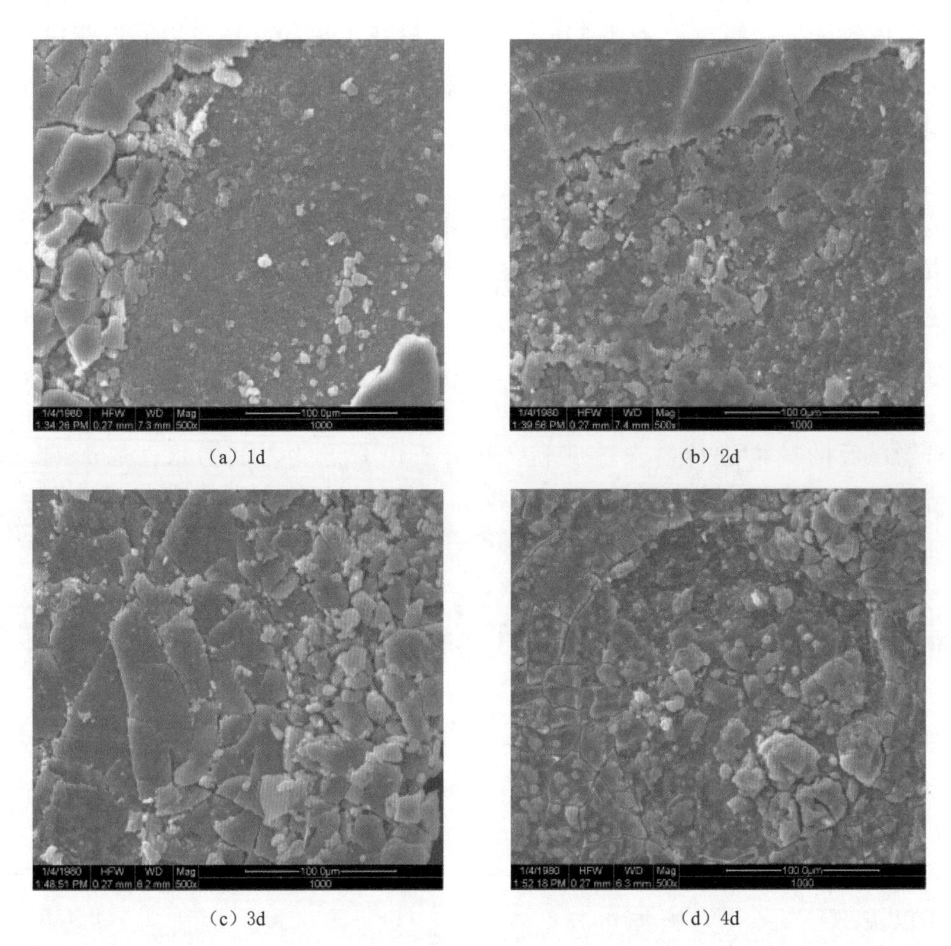

(a) 1d　(b) 2d

(c) 3d　(d) 4d

图 7－6　电晕老化后试样微观形貌（以施加电压 8kV 为例）

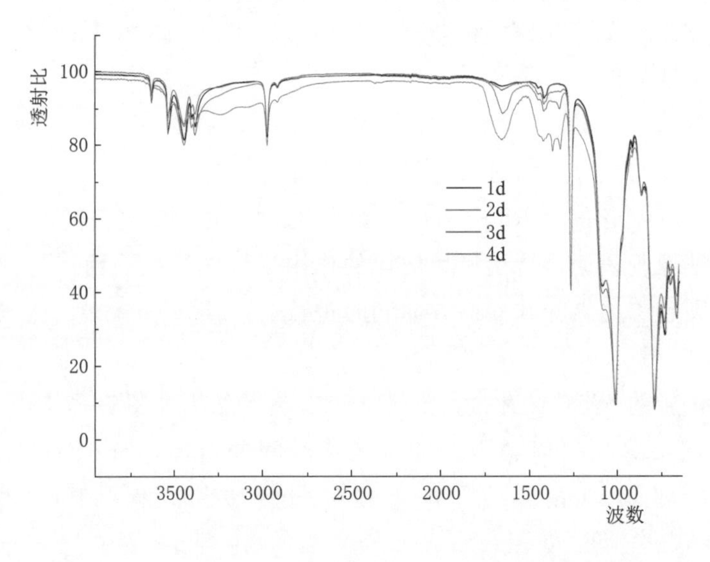

图 7－7　电晕老化后红外光谱分析（以施加电压 8kV 为例）

5. 憎水迁移性

采用氯化钠和硅藻土分别模拟污秽中的可溶成分和不溶成分，采用盐密和灰密分别为 0.1mg/cm² 和 1mg/cm² 配置污液，对试样表面进行涂刷，并测量不同迁移时间时的接触角。结果如图 7-8 所示。

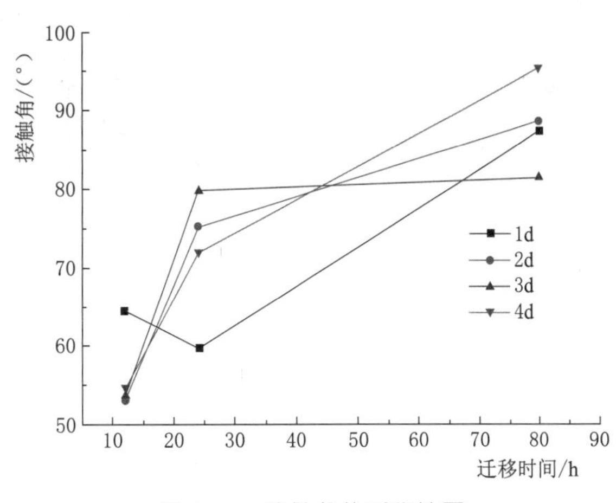

图 7-8 接触角的迁移性图
（以施加电压 8kV 为例）

从以上试验数据可以看出，在 8kV、10kV 和 12kV 施加电压的情况下，虽然老化长达 4d 后，试片表面仍然可以恢复到憎水性状态，且憎水性迁移趋势较好。但是，从外观来看，表面已经形成了明显的碳痕，该碳痕的形成将严重影响防污闪涂料外绝缘性能；扫描电镜的结果也表明，电晕在作用期间已经对硅橡胶表面产生了劣化作用，该不可逆劣化对涂层的长期运行具有较大的破坏作用。而红外光谱则表明，涂层表面特征峰有较大变化，由此可见，电晕对防污闪涂层的寿命具有较大影响。

7.2.1.2 电痕老化

试验按照《严酷环境条件下使用的电气绝缘材料评定耐电痕化和蚀损的试验方法》（GB/T 6553—2014/IEC 60587：2007）严酷环境条件下使用的电气绝缘材料评定耐电痕化和蚀损的试验方法进行。

试验电源为工频电源，输出电压可调到约 6kV，并稳定在±5%，在电源的高压侧，每个试样串接一个 200W、电阻值偏差为±10%的电阻器，电阻器的电阻值见表 7-1，试验装置电路原理如图 7-9 所示，回路电流达到或超过 60mA±6mA 持续 2～3s 时继电器动作断开电路。

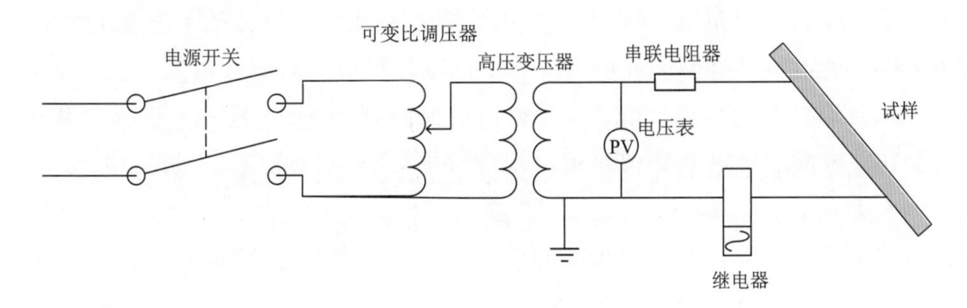

图 7-9 试验装置电路原理图

试验采用恒定电痕化电压法，在污染液以规定的流速均匀流下时，合上开关，并将电压升到 2.5kV、3.5kV、4.5kV 中较为合适的电压值，并开始计时，保持电压恒定6h后，对试样进行分析。试验参数见表7-1。

表7-1　试验参数

试验电压/kV	污染液流速/(mL/min)	串联电阻器的电阻值/kΩ
2.5	0.15	10
3.5	0.30	22
4.5	0.60	33

本试验中，试验准备如下：

(1) 试验在环境温度 (23±2)℃下进行，每种材料至少试验5个试样。

(2) 装试样时无光泽面向下，使之与水平面成45°±2°角，两电极之间相距(50±0.5)mm。

(3) 试验采用的绝缘托架不阻碍试样背部散热，托架耐热且电绝缘。

(4) 首先将污染液注入滤纸衬垫中，以使滤纸充分湿润。调节污染液流速并按表中的规定校正流速。至少观察流动10min，确保污染液在两电极间的试样表面上稳定地流下。污染液应从上电极的轴孔流出而不从滤纸的旁边或顶部溢出。

试验流程如下：①第一组试验电源电压为2.5kV，试验前先调节流速控制器使污液流速为0.15mL/min，将串联电阻器的电阻值选为10kΩ；②试验准备无误后合上开关，然后升压至2.5kV，观察电流表示数及样品表面放电现象。

本试验采用终点标准如下：当高压回路通过试样的电流值超过60mA (2～4s过电流装置切断电源)，或者当试样由于集中腐蚀出现穿洞，或以试样着火为终点。

试验现象：电压从零上升到2.5kV的过程中5个样品的电流表的示数均不断上升，最高达到40mA左右，试样表面均有不同程度的放电现象，放电部位较分散；电压到达2.5kV稳定后，电流表的示数很快都降低都10mA以下，试验进行的1h内，电流较大的2号和5号样品电流在6mA左右，放电部位相对集中，下电极处放电较多，其余3个样品电流在4mA左右，放电位置经常变化，较分散。随着试验的进行，通过各个试样的电流都有不同程度的变化。试验过程中观察到2号发生过一次较剧烈的放电，瞬时最大电流达到20mA，几秒钟后又降低到5mA左右。试验过程中继电器没有动作，样品表面没有集中腐蚀出现的穿洞，试样没有着火，试验进行6h自动终止。

试验结束后拆卸上、下电极并取出5个试样，观察其表面蚀损情况，5个试样表面均有明显的黑色放电路径，5个样品中只有2号试样的下电极处有一个明显的凹陷，其他4个试样表面没有明显的凹陷，用棉布将试样表面擦拭干净后发现2号试样下电极处凹陷最大深度为0.8mm，其他样品表面几乎没有蚀损的印痕。

从电痕老化结论可以发现，当防污闪涂层在运行中受到局部电弧的烧蚀时，其表面将会出现电痕。当局部温度提高到一定值时就有可能发生碳化或者其他导电残留物，这对于防污闪涂层的长期运行具有严重影响。故在评价防污闪涂层时，出现明显的烧蚀时，需要对该涂层采取解决措施。

7.2.2 大气老化

在大气老化试验中，主要包括紫外老化、高低温交变老化和盐雾老化试验。

7.2.2.1 紫外老化

紫外老化试验主要目的是为了模拟紫外线对 RTV 防污闪涂料的老化的影响。紫外线辐射造成了键能断裂，一旦紫外光波能量（314～419kJ/mol）大于聚合物化学键离解能会引起分子链的断链，产生光化学反应导致 RTV 高聚物老化，导致 RTV 分子内所含官能团吸收了具有能量的紫外线，由基态进入到激发态，长时间的紫外辐照容易导致 Si—C（键能 301kJ/mol）和 C—H（键能 413kJ/mol）部分断键，由于 RTV 主链（Si—O）键能为 446kJ/mol，紫外线并不会导致 Si—O 键断裂，但紫外线除了引起高温交联剂氧化反应之外，强辐射效应将导致 RTV 表面发生交联反应。

尽管前期成果已针对紫外线对 RTV 老化做了较多分析，但由于目前防污闪涂料不断改进，性能更加优越，且不同条件不同环境下的老化仍然有待于进一步研究。

选用 80mm×40mm×1.5mm 规格试片进行紫外老化实验，灯管分别采用 UV-340nm 和 UV-313nm 两种紫外灯管。辐照度为 0.55W/m²，温度恒定为 60℃，采用灯 ON（10h）→灯 OFF（2h）→灯 ON（10h）→灯 OFF（2h）作为一个循环，一次循环用时 24h。取每组数据的 3 个接触角得算数平均值作图（图 7-10）。

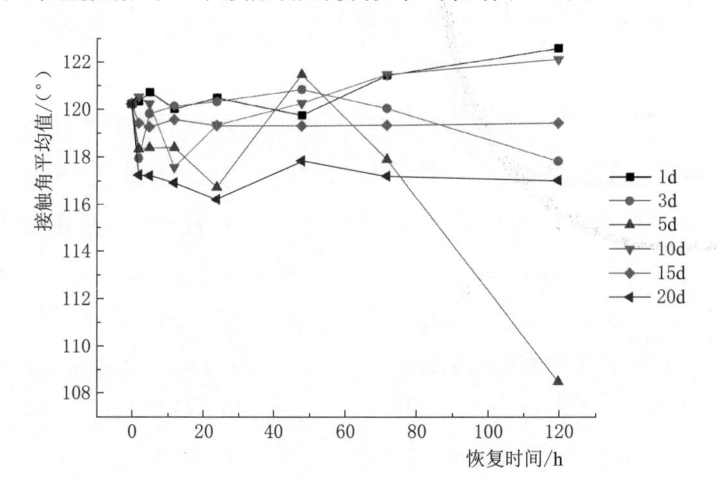

图 7-10 紫外老化 RTV 憎水性

从图 7-10 可以看出，对于被紫外线辐射老化过的 RTV 试片，其憎水性始终保持良好，这是由于紫外线能量较低，不足以破坏 RTV 表面的分子键。

同时将未经过老化试验的试片与紫外老化后的RTV试片进行FTIR分析，两者对比如图7-11所示。

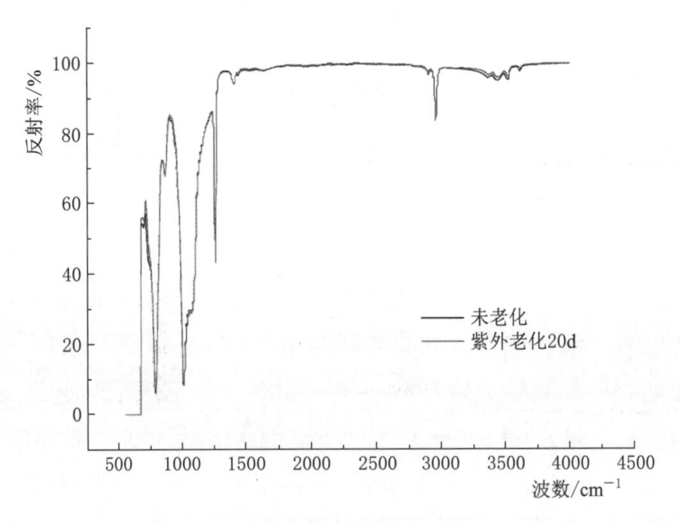

图7-11 未老化和紫外老化20d的RTV试片FTIR谱图

通过对比发现，紫外老化后的RTV在波长$750cm^{-1}$吸收峰略有减弱，此处对应为侧链完整度；在$3000\sim3700cm^{-1}$也有小幅度减弱、小幅度的变化，此处对应为$CH_3(CH)$，表明憎水性有小幅度下降。

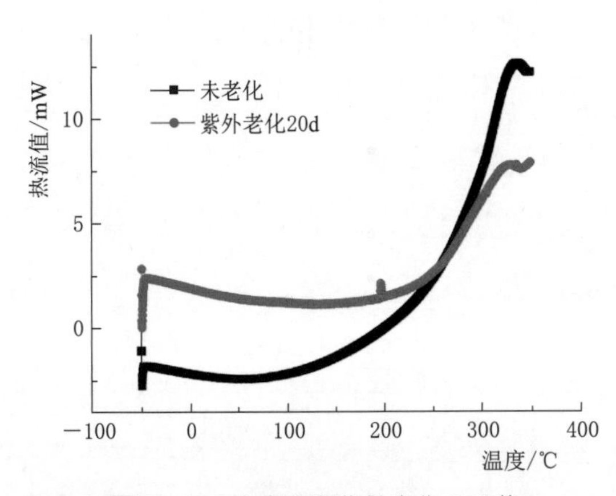

图7-12 未老化和紫外老化20d的RTV试片DSC图

最后将未经过老化试验的试片与紫外老化后的RTV试片进行DSC分析，两者对比如图7-12所示，可以看到经过20d紫外老化的RTV试片，由于紫外线的作用，RTV试片中产生了更多在较低温度下就发生吸热反应的副产物，其对RTV防污闪涂料寿命的影响还需进一步深入探讨。

从以上试验数据可以看出，在UV-340长波长紫外线的照射下，即使经过20d的辐照，虽然其侧链完整度有所降低，但其憎水性始终处于良好状态，热稳定性略微变差。防污闪涂料在UV-340作用下，由于紫外线能量较弱，对于涂层的影响不大。

对两种RTV盲样进行UV-313紫外线紫外老化，然后进行分析。

1. 外观

外观检查发现，两种盲样进过紫外老化后，表面颜色、光泽度并无明显变化（图

7－13）。

图 7－13　紫外老化不同时间后的 RTV 试片外观

2. 憎水性

两种盲样进行紫外老化 500h、750h、1000h 后，取出样品测量接触角，在实验室环境放置一段时间后，待憎水性恢复平稳后，测量 RTV 试片的憎水性，将每组数据的 3 个接触角求其平均值（图 7－14）。

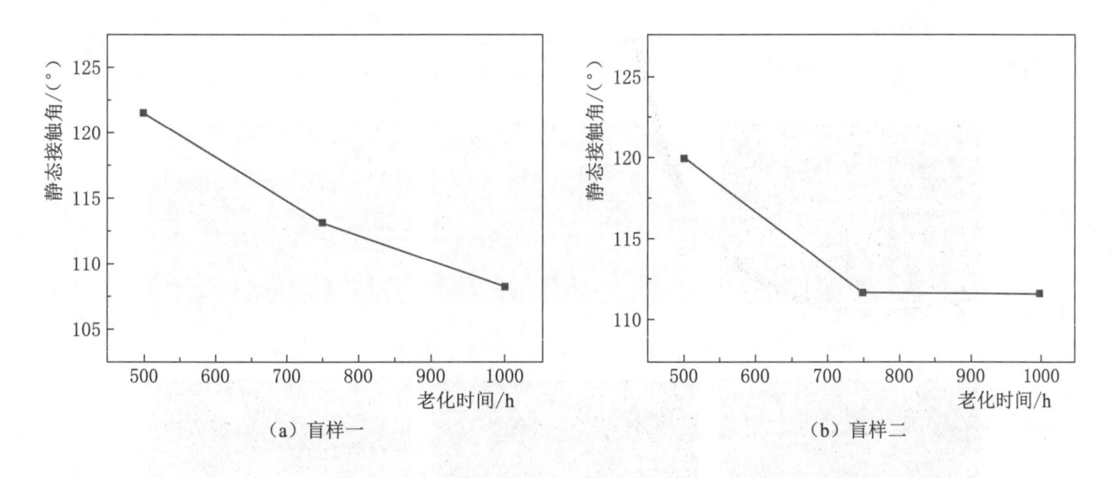

（a）盲样一　　（b）盲样二

图 7－14　紫外老化不同时间后 RTV 试片的接触角

从图 7－14 可以看出，随着老化时间的增加，两种盲样的静态接触角均有所下降，但憎水性依然良好，RTV 表面的憎水基团略有减少，或者亲水性基团略有增多。

3. 憎水迁移性

在对 RTV 试片分别进行 500h、750h、1000h 的紫外老化后，在实验室环境中静置一段时间，利用氯化钠和硅藻土进行憎水迁移性的测试。将每组数据的 3 个接触角求其平均值（图 7 - 15）。

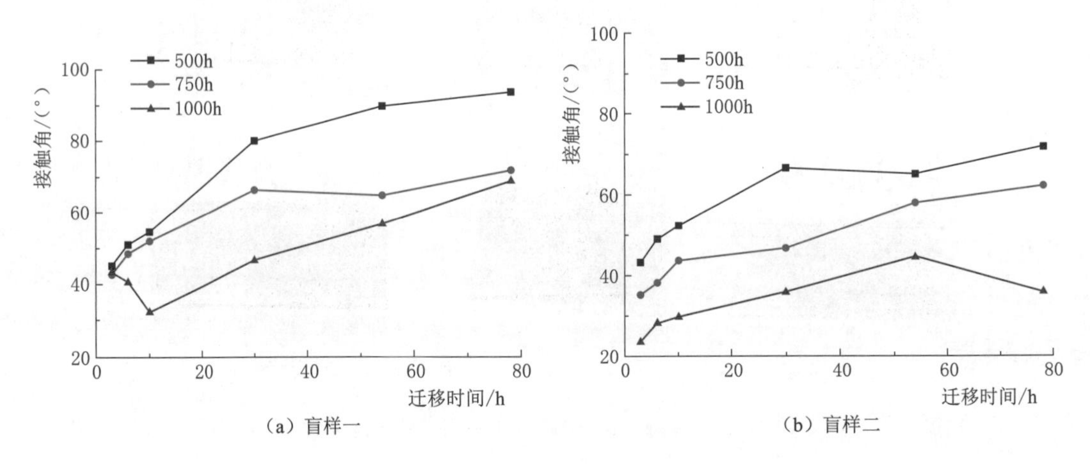

（a）盲样一　　（b）盲样二

图 7 - 15　不同迁移时间下的接触角

从图 7 - 15 可以看出，随着老化时间的增加，两种盲样的憎水迁移性均有所下降。其中，紫外对盲样二的憎水迁移性影响更明显，其原因主要为紫外线引起高温交联剂氧化反应，氧化反应生成的亲水性硅醇或硅烷醇不利于 RTV 的憎水性迁移。

4. 微观形貌

对紫外老化后的 RTV 试片进行扫描电镜分析，如图 7 - 16 所示。

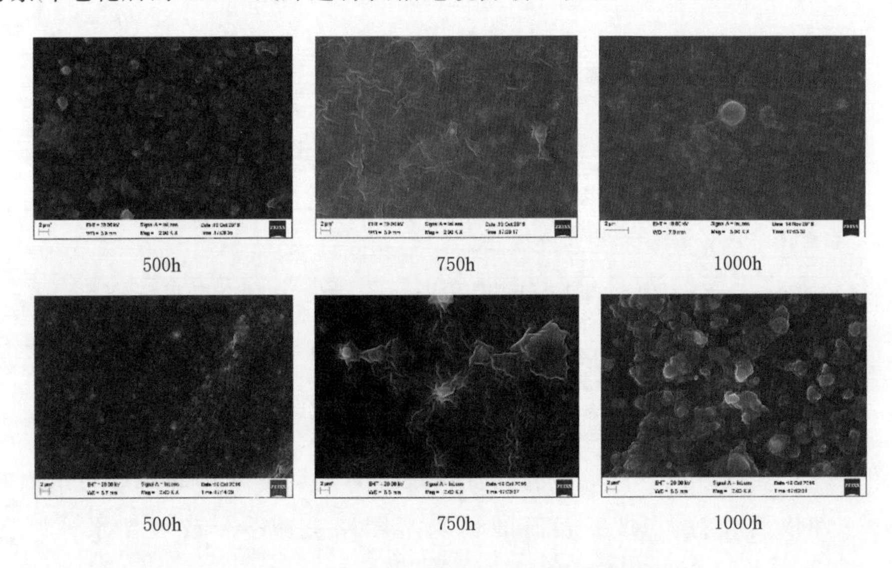

图 7 - 16　紫外老化的 RTV 试片 SEM 图

从图 7－16 可以看出，试样的表面略有变化，老化 500h 后。试样表面比较完整，但老化 1000h 后表面开始有分散不均匀颗粒状凸起，表面粗糙度增加。

5. *表面特性*

同时将紫外老化后的 RTV 试片进行 FTIR 分析，两种盲样的 FTIR 谱图如图 7－17 所示。

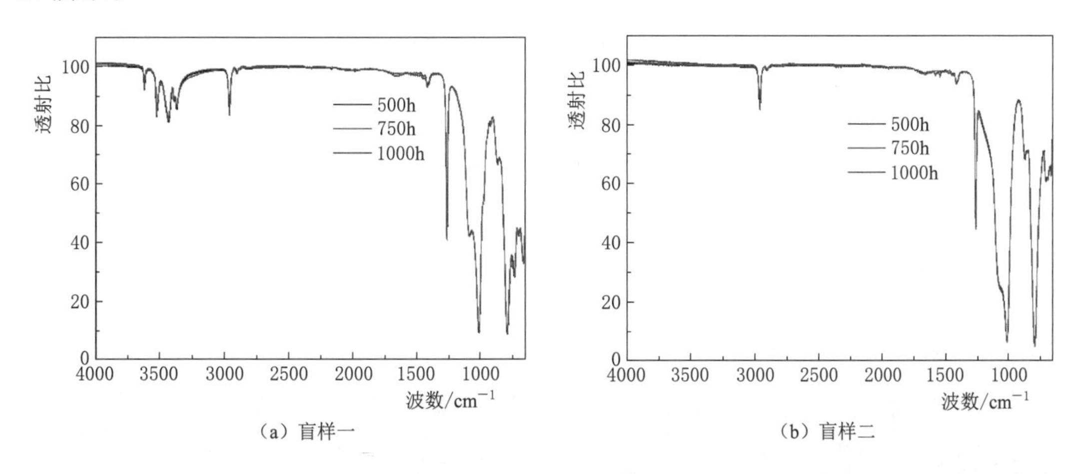

图 7－17　紫外老化后的 RTV 试片 FTIR 波谱图

从两种试样的红外图谱可以看出，材料经过紫外老化试验后，盲样二在波数 $1700cm^{-1}$ 出现新的羰基（C═O）特征峰，且随着紫外辐照时间增加，盲样一和盲样二的 Si—O—Si、Si—CH_3 和 O—H 特征峰均呈下降趋势，说明紫外的变化对材料的化学结构影响有一定的影响。

随着紫外照射持续 RTV 的 Si—O—Si 特征峰将逐步下降，可知 RTV 内部存在 Si—O—Si 主链断裂的情况，而产生的副反应不利于 RTV 在长期时间内维持其特有的憎水迁移特性，紫外辐照时间加长后，RTV 的老化趋势将愈明显。

从 UV－313 紫外老化试验可以看出，虽然在本试验条件下硅橡胶试样外观无明显变化，色泽光泽度较好，但其憎水性已有所降低（但仍保持憎水性），且经过 80h 的憎水性迁移后，老化 750h 和 1000h 情况下的两种盲样所覆污层均无法获取憎水性。而表面粗糙度的增加也反应了紫外线对于防污闪涂料的劣化。红外光谱分析表明，Si—O—Si、Si—CH_3 和 O—H 特征峰均有下降趋势。

综上，UVA 紫外线由于能量较弱，对防污闪涂层的影响较小，而 UVB 紫外线对于防污闪涂料对于憎水迁移性的影响十分明显。可见，UVB 对于防污闪涂料的老化具有一定影响，主要体现在对憎水迁移性的影响上。

7.2.2.2　高低温交变老化

高低温老化试验主要是为了模拟 RTV 防污闪涂料在昼夜温差较大环境下性能的变化，造成这种现象的原因在于温度周期可以导致机械应力，特别是对于由不同温度

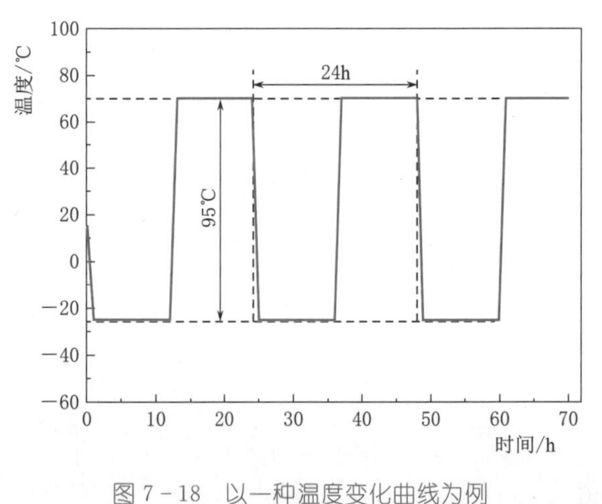

图7-18 以一种温度变化曲线为例

膨胀系数组分组成的材料，极端的冷热循环会导致材料的物理性降解，如分子链的断裂等。从热动力学及能量的角度来看，温度的降低会使硅橡胶内部含有的小分子物质的运动活性降低，能从硅橡胶表面脱离并被污秽吸附的小分子减少，而温度的升高加快了分子的运动，更易于硅橡胶中小分子硅氧烷的迁移。以一种温度变化曲线为例高低温交变老化如图7-18所示。

以−25～70℃的温度交变为例进行分析。

1. 外观

外观检查发现，两种盲样表面颜色和光泽度均无明显变化（图7-19）。

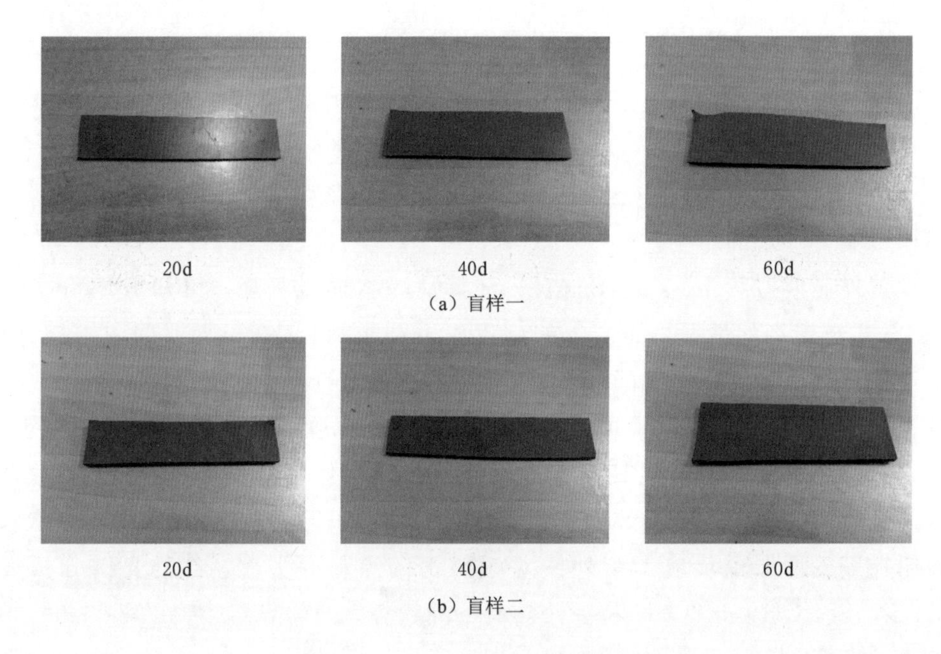

图7-19 老化不同时间的试样外观

2. 憎水性

在对RTV试片分别进行20d、40d、60d的高低温交变老化后，将样品静置，并进行憎水性测试，静态接触角如图所示。将每组数据的3个接触角求其平均值，图像如图7-20所示。

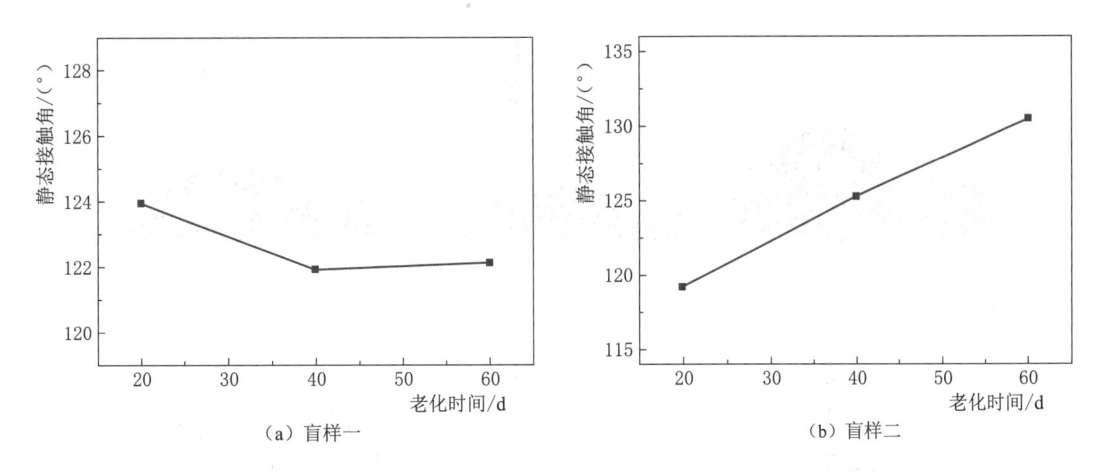

(a) 盲样一　　(b) 盲样二

图 7-20　高低温交变老化不同时间后 RTV 试片接触角

由图 7-20 可知，随着老化时间的增加，盲样一憎水性略有下降，盲样二憎水性有所上升，主要原因为温度交变导致盲样二试样微观结构表面粗糙，接触角变大。

3. 憎水迁移性

在对 RTV 试片分别进行 20d、40d、60d 的高低温交变老化后，在实验室环境中静置一段时间，进行憎水迁移性的测试。涂刷后的 RTV 试样，如图 7-21 所示。

(a) 盲样一

(b) 盲样二

图 7-21　涂刷后的 RTV 试样

将每组数据的 3 个接触角求其平均值，盲样一迁移 3h 及迁移 80h 后的静态接触角图像如图 7-22 及图 7-23 所示。

图7-22 不同迁移时间下的接触角图像

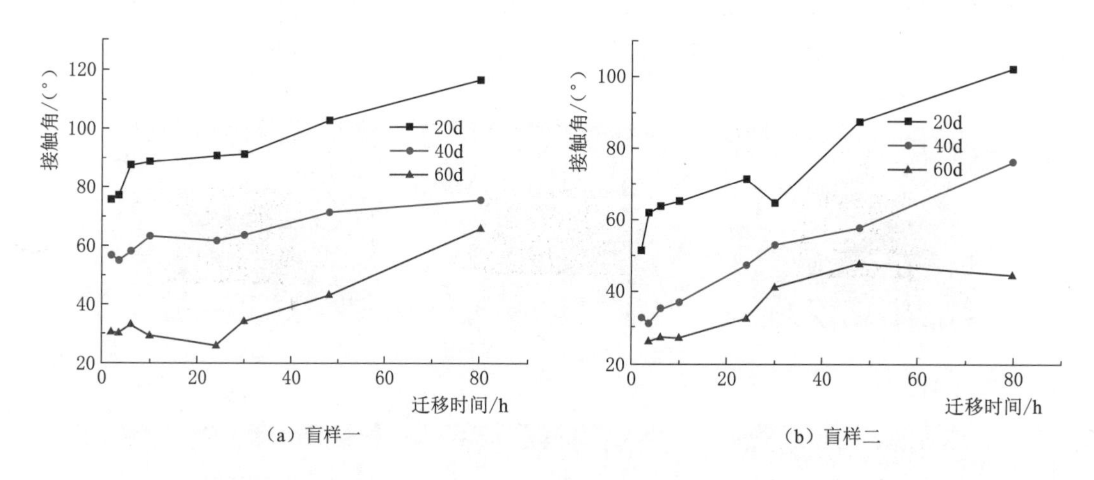

图7-23 不同迁移时间下的接触角变化

由图7-23可以看出，随着老化时间的增加，两种盲样的憎水迁移性均变差。其原因主要是高温低温的交变及水滴的形成与蒸发造成涂料中某些物质的降解与蒸发，从而导致其憎水迁移性变差。

4. 微观形貌

由图7-24可以看出，经过高低温交变后，试样的表面颗粒物暴露有增多现象。

5. 表面特性

将高低温交变老化后的RTV试片进行FTIR分析，两种盲样的FTIR谱图如图7-25所示。

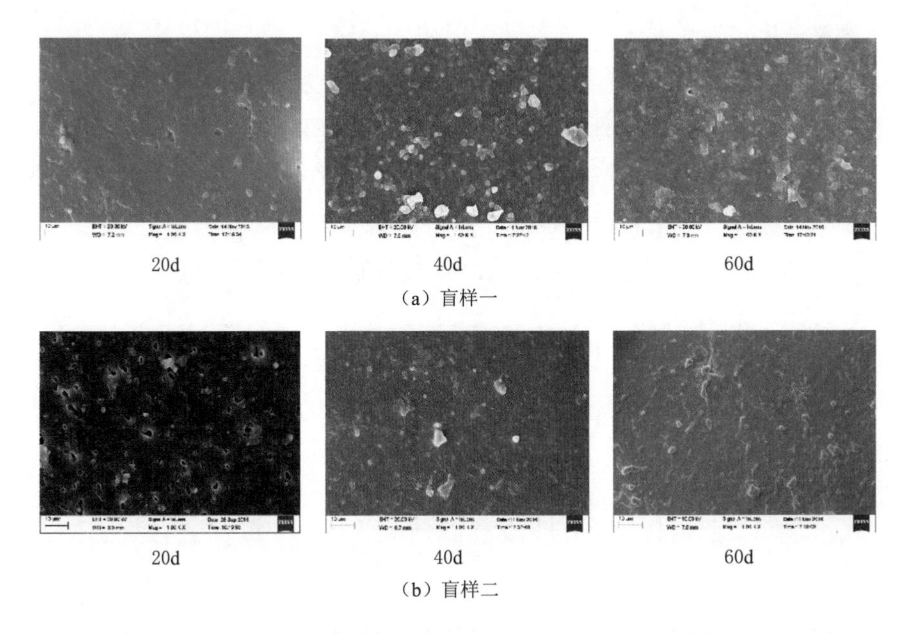

(a) 盲样一

(b) 盲样二

图 7-24 高低温交变老化后 RTV 试片的 SEM 图

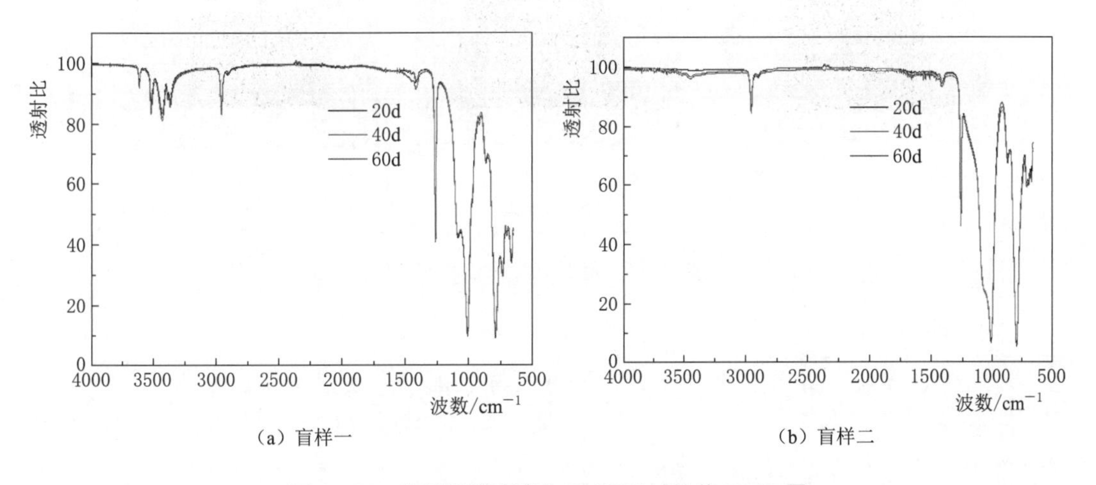

(a) 盲样一　　(b) 盲样二

图 7-25 高低温交变老化后 RTV 试片的 FTIR 图

由 FTIR 分析谱图可以看出，材料经过温变试验后，盲样一的红外图谱变化不大，主要在 1400cm^{-1} 处出现新的吸收峰，该处并非 RTV 的特征官能团，说明在温度交变下新的基团产生。盲样二的红外图谱略有变化，变化主要集中在 O—H 基团及在 1400cm^{-1} 处出现新的吸收峰，且随着老化时间的增加，特征峰的含量变多，说明温度的交替变化对材料的化学结构有一定的影响。

从以上数据可以发现，在 −25～70℃ 温度范围内高低温交变后，试片的憎水性并没有变差，对于盲样二，其憎水性甚至变大。但其憎水迁移性受到了较严重的影响。

7.2.2.3 盐雾老化

盐雾老化主要模拟内陆湖泊地区潮湿含盐空气下导致的RTV老化情况，试验采用YWX/Q 250型盐雾腐蚀试验箱，使用盐水进行喷雾试验。该试验采用RTV涂料为青海地区常用的两种涂料，试样包括试片和涂片，在30℃下，对RTV试片进行间歇老化，喷雾12h后于雾室环境中静置12h，再继续喷雾。

对两种RTV试样进行盐雾老化，然后进行分析，如图7-26所示。

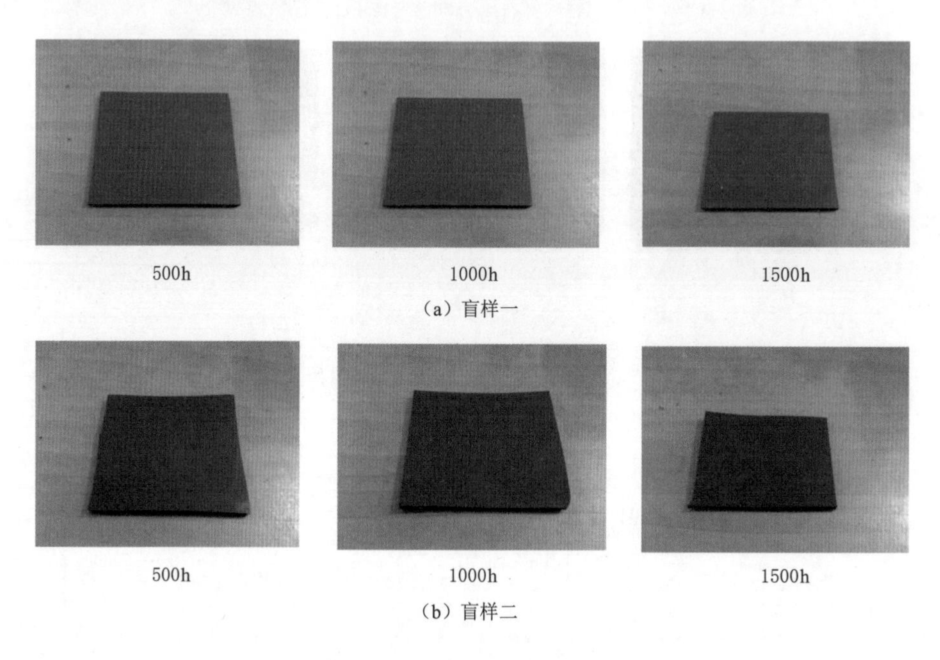

图7-26 盐雾老化后试样外观

1. 外观

外观检查发现，经过盐雾老化后，两种盲样表面均无明显区别。

2. 憎水性

将盐雾老化后的试样进行憎水性测试，如图7-27所示。

可以看出，经过盐雾老化后的试样，其表面仍然能够保持较好的憎水性。

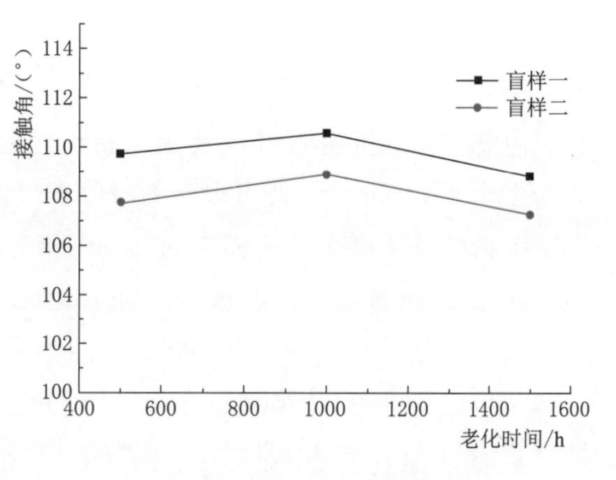

图7-27 盐雾老化后接触角

3. 微观形貌

扫描电镜分析如图7-28所示。

可以看出，盐雾老化对两种盲样表面微观形貌均无明显影响。

4. 憎水迁移性

分别采用氯化钠和硅藻土模拟污秽

中的可溶成分和不溶成分，配置污液，获取盐雾老化后试样的憎水迁移性。从图7-29可以看出，经过盐雾老化的试样，在80h迁移后，能够获得较好的憎水性。

可以看出，盐雾对于防污闪涂料的影响较小。

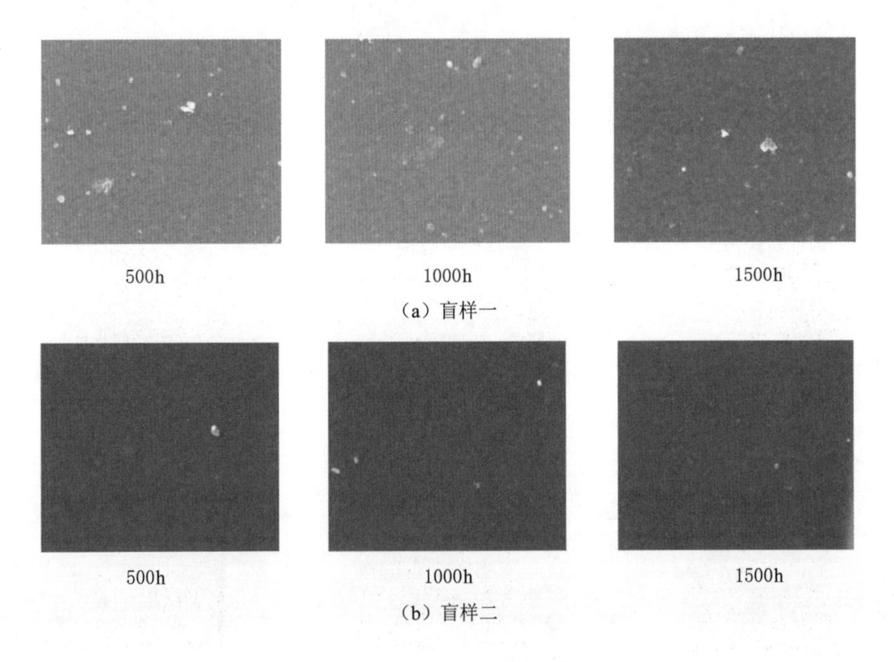

图7-28 盐雾老化后的SEM图

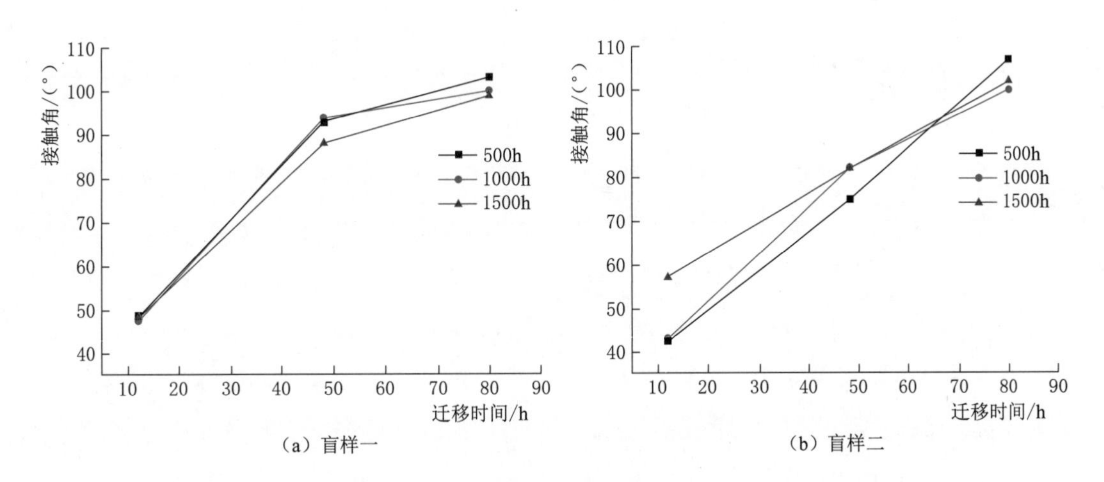

图7-29 盐雾老化试样憎水迁移特性

参 考 文 献

[1] 范建斌. 污区分级与输变电设备外绝缘选择 [M]. 北京：中国电力出版社，2014.

[2] 严靖. 复合绝缘子鸟粪闪络特性及防鸟罩优化设计 [D]. 武汉：武汉大学，2019.

[3] 梁曦东，等. 合成绝缘子鸟粪闪络与不明原因闪络 [J]. 电网技术，2000，25 (1)：13-16.

《大规模清洁能源高效消纳关键技术丛书》编辑出版人员名单

总 责 任 编 辑　王春学

副总责任编辑　殷海军　李　莉

项 目 负 责 人　王　梅

项 目 组 成 员　丁　琪　邹　昱　高丽霄　汤何美子　王　惠　蒋雷生

《清洁能源配套高海拔输电线路外绝缘技术》

责任编辑　殷海军　王　梅

封面设计　李　菲

责任校对　梁晓静　赵　敏

责任印制　崔志强　冯　强